教育部实用型信息技术人才培养系列教材

C++ 程序设计
实用案例驱动教程

徐　军　主编

任志鸿　徐广宇　等　副主编

清华大学出版社

北京

内 容 简 介

C++是目前高校中普遍开设的一门程序设计课,本书是作者结合自己学习和使用 C++语言的经验和感悟,用最简洁的语言去阐述原理,以案例驱动的编程思路去编排全书内容,全书由浅入深,循序渐进,通俗易懂。同时为了提高读者的学习兴趣,对语言知识的理论介绍也通过案例程序加以消化,而且辅以运行时的输入输出示例截图,直观明了。另外每个章节的课后均有针对本章节精心设计的课外实验,学生可以边学边练,加强理解,提高兴趣。

本书所选教学案例均来自作者多年的教学积累,而且每个实例均调试正常,可以运行,是以 Visual C++ 6.0 作为调试程序的主要环境,能够让读者快速掌握教材内容。

本书既可以作为普通高等院校开设的 C++程序设计课程教材,也可作为教师教学参考书,即使没有教师讲授,读者也可以读懂教材中的内容,可作为初学者的自学教材,还可以作为从事计算机应用的各类工程技术人员的参考书,对于参加全国计算机等级考试的学生也具有一定的参考价值。

图书在版编目(CIP)数据

C++程序设计实用案例驱动教程/徐军主编.—北京:清华大学出版社,2013.8
ITAT 教育部实用型信息技术人才培养系列教材
ISBN 978-7-302-32812-4

Ⅰ. ①C…　Ⅱ. ①徐…　Ⅲ. ①C 语言—程序设计—教材　Ⅳ. ①TP312

中国版本图书馆 CIP 数据核字(2013)第 136220 号

责任编辑:闫红梅　薛　阳
封面设计:常雪影
责任校对:梁　毅
责任印制:沈　露

出版发行:清华大学出版社
　　　　网　　　址:http://www.tup.com.cn,http://www.wqbook.com
　　　　地　　　址:北京清华大学学研大厦 A 座　　　邮　　编:100084
　　　　社 总 机:010-62770175　　　　　　　　　　　邮　　购:010-62786544
　　　　投稿与读者服务:010-62776969,c-service@tup.tsinghua.edu.cn
　　　　质 量 反 馈:010-62772015,zhiliang@tup.tsinghua.edu.cn
　　　　课 件 下 载:http://www.tup.com.cn,010-62795954
印 装 者:北京国马印刷厂
经　　销:全国新华书店
开　　本:185mm×260mm　　　印　　张:19.75　　　字　　数:490 千字
版　　次:2013 年 8 月第 1 版　　　　　　　　　　印　　次:2013 年 8 月第 1 次印刷
印　　数:1～2000
定　　价:34.50 元

产品编号:054389-01

教育部实用型信息技术人才培养系列教材
编辑委员会

（暨全国信息技术应用培训教育工程专家组）

出　版　说　明

　　信息化是当今世界经济和社会发展的大趋势,也是我国产业优化升级和实现工业化、现代化的关键环节。信息产业作为一个新兴的高科技产业,需要大量高素质复合型技术人才。目前,我国信息技术人才的数量和质量远远不能满足经济建设和信息产业发展的需要,人才的缺乏已经成为制约我国信息产业发展和国民经济建设的重要瓶颈。信息技术培训是解决这一问题的有效途径,如何利用现代化教育手段让更多的人接受到信息技术培训是摆在我们面前的一项重大课题。

　　教育部非常重视我国信息技术人才的培养工作,通过对现有教育体制和课程进行信息化改造、支持高校创办示范性软件学院、推广信息技术培训和认证考试等方式,促进信息技术人才的培养工作。经过多年的努力,培养了一批又一批合格的实用型信息技术人才。

　　全国信息技术应用培训教育工程(简称 ITAT 教育工程)是教育部于 2000 年 5 月启动的一项面向全社会进行实用型信息技术人才培养的教育工程。ITAT 教育工程得到了教育部有关领导的肯定,也得到了社会各界人士的关心和支持。通过遍布全国各地的培训基地,ITAT 教育工程建立了覆盖全国的教育培训网络,对我国的信息技术人才培养事业起到了极大的推动作用。

　　ITAT 教育工程被专家誉为“有教无类”的平民学校,以就业为导向,以大、中专院校学生为主要培训目标,也可以满足职业培训、社区教育的需要。培训课程能够满足广大公众对信息技术应用技能的需求,对普及信息技术应用起到了积极的作用。据不完全统计,在过去十一年中共有三百二十余万人次参加了 ITAT 教育工程提供的各类信息技术培训,其中有超过八十万人次获得了教育部教育管理信息中心颁发的认证证书。本工程为普及信息技术、缓解信息化建设中面临的人才短缺问题做出了一定的贡献。

　　ITAT 教育工程聘请来自清华大学、北京大学、人民大学、中央美术学院、北京电影学院、中国传媒大学等单位的信息技术领域的专家组成专家组,规划教学大纲,制订实施方案,指导工程健康、快速地发展。ITAT 教育工程以实用型信息技术培训为主要内容,课程实用性强,覆盖面广,更新速度快。目前本工程已开设培训课程二十余类,共计七十余门,并将根据信息技术的发展,继续开设新的课程。

　　本套系列教材由清华大学出版社、人民邮电出版社、机械工业出版社等出版发行。根据工程教材出版计划,全套教材共计六十余种,内容将汇集信息技术及应用各方面的知识。今后将根据信息技术的发展不断修改、完善、扩充,始终保持追踪信息技术发展的前沿。

全国 ITAT 教育工程的宗旨是：树立民族 IT 培训品牌，努力使之成为全国规模最大、系统性最强、质量最好，而且最经济实用的国家级信息技术培训工程，培养出千千万万个实用型信息技术人才，为实现我国信息产业的跨越式发展做出贡献。

全国信息技术应用培训教育工程负责人
系列教材执行主编　　薛玉梅

　　程序设计基础是计算机及其相关专业的一门重要的基础课程,它以编程语言为平台,介绍程序设计的思想和方法。通过该课程的学习,学生可以掌握基本的程序设计方法和技能,并且在不断的编程实践中,应用于系统开发。

　　该教材新颖之处在于每章开始介绍本章说明、本章主要内容、本章拟解决的问题,明确教学目标及教学内容,从而实现以案例驱动教学内容、以案例贯穿教学过程的教学方法,充分体现了教学内容的趣味性和实用性,有助于提高学生的动手实践能力。

本书特色:

　　(1) 一线教学、由浅入深;

　　(2) 设计精心、学习容易;

　　(3) 内容广泛、案例丰富;

　　(4) 课外实验、实用很强;

　　(5) 一书在手、编程无忧。

　　全书共分 17 章,张宇编写了第 1 章 C++概述;王东炜编写了第 2 章 C++数据类型;逯彬编写了第 3 章 C++运算符及表达式;曲悠扬编写了第 4 章 顺序结构与选择结构;孙玉薇编写了第 5 章 循环结构;王超编写了第 6 章 一维数组与指针;石雨剑编写了第 7 章 二维数组与指针;任志鸿编写第 8 章 字符数组与指针、第 10 章 变量的作用域、第 11 章 结构体与共用体;丁梦泽编写了第 9 章 自定义函数与参数传递;徐军编写了第 12 章 类与对象、第 13 章 对象数组与指针、第 17 章 文件的输入与输出、附录 A、附录 B、附录 C、附录 D;徐广宇编写了第 14 章 运算符重载、第 15 章 继承与派生、第 16 章 多态性与虚函数。徐军对全书进行了编审和统稿,任志鸿对全书进行了校对与修改。

　　本书技术支持邮箱: cjxy_xj@163.com。

　　本书技术支持网站: http://www.nmgbh.com.cn。

　　本书技术支持电话: 13947167640。

　　在编写的过程中,我们也参考了其他文献与资料,在此对这些作者表示衷心的感谢。限于编者的学识、水平,疏漏、不当之处敬请读者不吝斧正。

编　者

2013 年 5 月

目 录

9

11

13

16

17

第1章 C++概述

本章说明：

    C++是在 C 语言的基础上发展而来的高级语言，它是一种面向过程的程序设计语言，也是面向对象的程序设计语言，它适合用来编写系统软件也适合用来编写应用软件，通过本章的学习，读者可以了解计算机语言的发展、C++的发展，掌握程序的特点及调试环境。

本章主要内容：

> ➢ 计算机语言的发展
> ➢ C++的发展
> ➢ C++的特点
> ➢ C++的程序构成
> ➢ C++的运行环境

📖 **本章拟解决的问题：**

1. 如何了解计算机语言的发展？
2. C++的发展历史情况如何？
3. C++程序有哪些特点？
4. 什么是预处理命令？
5. C++程序由哪几部分构成？
6. 如何在 Visual C++中调试 C++程序？

1.1 计算机语言的发展

1.1.1 计算机语言简介

计算机语言的发展过程是一个不断完善的过程，计算机常用语言有以下三种。

1. 机器语言

机器语言是由计算机直接识别的二进制代码所组成的，在计算机诞生和发展时最早开始使用机器语言，直接作用机器的硬件，是由 0 和 1 组成的。

2. 汇编语言

汇编语言是面向机器的程序设计语言，用助记符代替机器指令的操作码，用地址符号或标号代替指令或操作数的地址，与机器语言比较它增强了程序的可读性和编写难度，使用汇编语言编写的程序机器不能直接识别，还要由汇编程序或者汇编语言编译器转换成机器指令。

3．高级语言

常见的高级语言有 BASIC、FORTRAN、COBOL、C/C++等。高级语言与计算机的硬件结构及指令系统无关,它有更强的表达能力,可方便地表示数据的运算和程序的控制结构,能更好地描述各种算法,而且容易学习掌握。但高级语言编译生成的程序代码一般比用汇编程序语言设计的程序代码要长,执行的时间更长、速度更慢。

计算机语言的发展如图 1-1 所示。

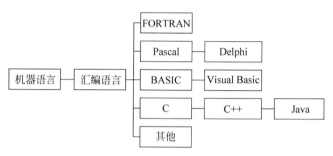

图 1-1　计算机语言的发展

1.1.2　C++的发展

C++是在 C 语言的基础上发展起来的,并不是为初学者而设计的,它是为专业人员设计的,它灵活性好,应用方便,非常适合用来编写系统软件,它保留了 C 语言的优点,并且在其基础上增加了面向对象的机制。可以说 C++是 C 语言的一个扩充,并且兼容 C 语言,所以说 C++既是面向过程的程序设计语言,又是面向对象的程序设计语言,C++的发展如表 1-1 所示。

表 1-1　C++的发展

时　间	类　别	说　明
1972 年	C	既具有高级语言的特点,又具有汇编语言的特点,由美国贝尔研究所的 D. M. Ritchie 推出
1983 年	C++	由贝尔实验室的 Bjarne Strou-strup 推出了 C++,进一步扩充和完善了 C 语言,成为一种面向对象的程序设计语言
1983 年	带类的 C	类和派生类,公有成员和私有成员,构造函数和析构函数,友元,内联函数,赋值运算符的重载
1985 年	C++ 1.0	增加了虚函数,函数预算符的重载,引用,常量
1989 年	C++ 2.0	增加了类的保护成员,多重继承,赋值和初始化递归定义,抽象类,静态成员函数,const 成员函数
1993 年	C++ 3.0	增加了模板,异常,类的嵌套,名字空间

1.2　C++的特点

（1）C++是一种面向过程的程序设计语言,也是面向对象的程序设计语言,它适合用来编写系统软件也适合用来编写应用软件。

（2）C++的程序代码可移植性好,程序的运行效率高。

（3）C++语法简洁、灵活，用户命名时禁止使用系统关键字（表1-2）。

表1-2　C++系统关键字

序号	关键字	序号	关键字	序号	关键字	序号	关键字
1	auto	16	try	31	short	46	long
2	enum	17	catch	32	union	47	static_cast
3	operator	18	float	33	continue	48	void
4	this	19	register·	34	if	49	double
5	bool	20	typedef	35	singed	50	mutable
6	explicit	21	char	36	unsigned	51	struct
7	private	22	for	37	default	52	volatile
8	throw	23	reinterpret_case	38	inline	53	dynamic_cast
9	break	24	typeid	39	sizeof	54	namespace
10	extern	25	class	40	using	55	switch
11	protected	26	friend	41	delete	56	wchar_r
12	true	27	return	42	int	57	else
13	case	28	typename	43	static	58	new
14	flase	29	const	44	virtual	59	template
15	public	30	goto	45	do	60	while

（4）C++程序设计自由度大，不同类型的数据可以进行运算。

（5）C++中特定的符号具有特定的意义，如表1-3所示。

表1-3　C++特定标点符号及含义

序　号	标 点 符 号	描　　述
1	（空格）	语句中各成分之间的分隔符
2	;（分号）	语句的结束符
3	'（单引号）	字符常量的起止标记符
4	"（双引号）	字符串常量的起止标记符
5	♯（井字号）	预处理命令的开始标记符
6	{（左花括号）	复合语句的开始标记符
7	}（右花括号）	复合语句的结束标记符
8	//（双斜杠）	行注释的开始标记符
9	/＊（斜杠和星号）	语句组注释的开始标记符
10	＊/（星号和斜杠）	语句组注释的结束标记符

（6）C++允许直接访问物理地址，能进行位操作，能实现汇编语言的大部分功能，可以直接对硬件进行操作。

（7）C++的类具有封装性和信息的隐蔽性。

1.3　C++的程序构成

1.3.1　预处理命令

C++程序通过预处理命令进行程序的组织，所谓预处理命令就是程序中所包含的♯include命令，也就是一个文件包含另一个文件的内容，其格式为：

♯include"文件名"

或

♯include<文件名>

编译时源程序文件和被包含的文件得到一个新的目标文件,被包含的文件被称为"标题文件"或"头文件"。

1.3.2 函数体

C++程序是由函数构成的,至少要有一个主函数 main(),函数体由大括号括起来,C++程序是从主函数开始执行的,主函数可以在程序的任何位置。函数由两部分构成:
- 一部分是函数类型、函数名、函数参数、形参类型及形参。
- 一部分是函数体,函数体由大括号括起来,如果有多个大括号,最外层的大括号为函数体部分。

下面是一个自定义函数的格式:

double zdy(int x,int y)

其中 double 是函数类型,zdy 为函数名,int 为参数类型,x 和 y 为参数名。

1.3.3 程序行

C++程序书写格式自由,一行内可以写几个语句,也可以一个语句写在多行上,每个语句的最后必须有一个分号。

1.3.4 程序注释

C++语言用 / * 说明注释 * /或 //对程序加注释,有助于提高程序的可读性。

1.4 C++运行环境

本书以 Visual C++ 6.0 作为 C++的主要调试环境。编好的 C++程序必须在指定的环境中进行编辑、编译、链接、调试和运行,如图 1-2 所示。

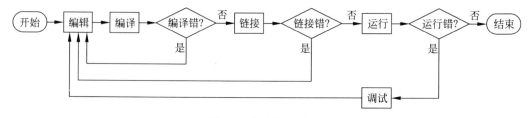

图 1-2 程序调试过程

1.4.1 运行环境简介

Visual C++ 6.0 集成开发环境主要划分为 4 个区域,菜单栏和工具栏、工作区窗口、代码编辑窗口和输出窗口,如图 1-3 所示。

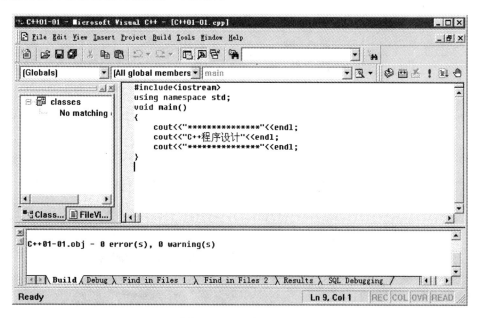

图 1-3　Visual C++ 6.0

1.4.2　C++程序创建

(1) 创建 C++程序,选择 File(文件)菜单中的 New(新建)菜单项,如图 1-4 所示。

(2) 在弹出的 New 对话框中选择 Files(文件)选项卡,选中 C++Source File,在右侧输入源文件名称与文件存储位置,然后单击 OK 按钮就创建了一个新的 C++程序,如图 1-5 所示。

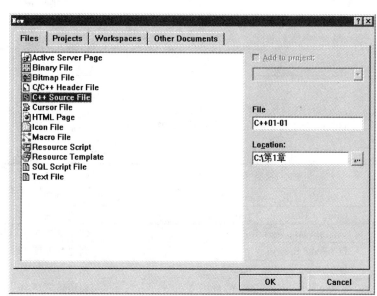

图 1-4　File 文件菜单　　　　　　　　图 1-5　创建 C++源程序

Files(文件)选项卡中各项目的含义如表 1-4 所示。

表 1-4　Files 选项卡

文 件 类 型	说　　明	文 件 类 型	说　　明
Active Server Page	活动服务器页文件	Icon File	创建图标文件
Binary File	创建二进制文件	Macro File	创建宏文件
Bitmap File	创建位图文件	Resource Script	创建资源脚本文件
C/C++ Header File	创建 C/C++头文件	Resource Template	创建资源模板文件
C++ Source File	创建 C++源文件	SQL Script File	创建 SQL 脚本文件
Cursor File	创建光标文件	Texe File	创建文本文件
HTML Page	创建 HTML 文件		

（3）在弹出的 New 对话框中选择 Projects 选项卡，可以创建工程文件，如图 1-6
所示。

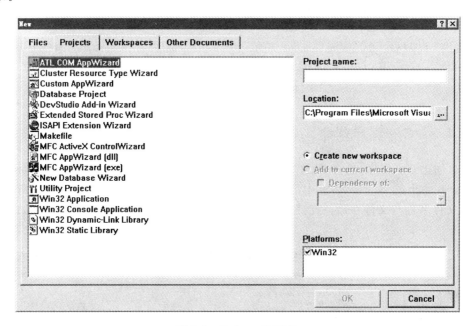

图 1-6　Projects 选项卡

Projects 选项卡各项目的含义如表 1-5 所示。

表 1-5　Projects 选项卡

文 件 类 型	说　　明
ATL COM Appwizard	创建 ATL 应用程序
Cluster Resource Type Wizard	创建簇资源类型
Custom AppWizard	创建常规应用程序
Database Project	创建数据库工程文件
DevStudio Add-in Wizard	创建自动化宏
Extended Stored Proc Wizard	创建扩展存储
ISAPI Extension Wizard	创建 Internet 服务器或过滤器

续表

文 件 类 型	说　　明
Makefile	生成文件
MFC ActiveX ControlWizard	创建 ActiveX 控件程序
MFC Appwizard (dll)	创建 MFC 动态链接库
MFC Appwizard (exe)	创建 MFC 可执行程序
New Database Wizard	创建新数据库
Utility Project	创建使用项目
Win32 Application	创建 Win32 应用程序
Win32 Console Application	创建 Win32 控制台应用程序
Win32 Dynamic-Link Library	创建 Win32 动态链接库
Win32 Static Library	创建 Win32 Static Library

（4）在代码编辑窗口输入程序。

（5）对程序进行编译、链接和运行。选择 Build 菜单下的 Compile（编译）功能，如图 1-7 所示。也可以使用快捷键 Ctrl＋F7 或单击工具栏中的 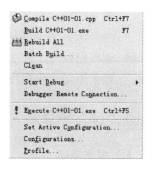 即可编译程序，编译无误后选择 Build 菜单下的 Buile（连接）菜单项，最后选择 Build 菜单下的 Execute（运行）菜单项执行程序，或使用快捷键 Ctrl＋F5，或单击工具栏中的 ! 按钮执行。

图 1-7　build 菜单

1.5 本章教学案例

1.5.1 输出字符信息

📖 **案例描述**

在 C++中输出如下信息：

```
*************
C++程序设计
*************
```

保存程序文件名为 C++ 01-01. CPP。

✎ **案例实现**

```cpp
# include < iostream >              //头文件
using namespace std;               //命名空间
void main( )                       //主函数
{
    cout <<" ************* "<< endl;
    cout <<"C++程序设计"<< endl;
    cout <<" ************* "<< endl;   //cout 输出
}
```

7

🖳 **程序运行结果（图1-8）**

图 1-8 C++ 01-01.CPP 运行结果

☏ **知识要点分析**

- cout 与输出运算符"<<"（也称插入操作符）向显示器终端输出常量、变量、表达式的值。
- endl 是英文 end line 的缩写，表示本行结束并换行。
- 该程序有一个特点，"cout <<" ************** "<< endl;"在程序中执行了两次，如果简化该程序可以通过自定义函数来完成，可参阅1.5.2节的内容。

1.5.2 用自定义函数输出字符信息

📖 **案例描述**

用自定义函数在C++中输出如下信息：

```
*************
C++程序设计
*************
```

保存程序文件名为 C++ 01-02.CPP。

✍ **案例实现**

```cpp
#include <iostream>
using namespace std;
void main()
{
    void zf();                    //自定义函数的声明
    zf();                         //自定义函数的调用
    cout <<"C++程序设计"<< endl;
    zf();                         //自定义函数的调用
}
void zf()                         //自定义函数的创建
{
    cout <<" ************** "<< endl;
}
```

程序运行结果（图1-9）

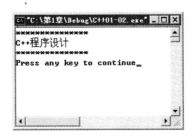

图 1-9　C++ 01-02.CPP 运行结果

☏ 知识要点分析

自定义函数的使用步骤主要有以下三步：

（1）声明自定义函数；

（2）创建自定义函数；

（3）调用自定义函数。

对于复杂的程序，可以独立创建一个自定义函数，其他程序使用时可以直接调用，不用再次书写程序代码，例如 zf()在本程序中调用了两次，执行的是同一个功能 cout << " *************** "<< endl;。

1.5.3　两个数的和

📖 案例描述

输入两个数，分别赋给整型变量 a 和 b，求 a＋b 并输出，保存程序文件名为 C++ 01-03.CPP。

✎ 案例实现

```cpp
# include < iostream >
using namespace std;
void main()
{
    int a,b,s;                          //声明三个整型变量
    cout <<"请输入两个数:";             //提示输入两个数
    cin >> a >> b;                      //输入两个数
    s = a + b;                          //求和
    cout <<"s = "<< s << endl;
}
```

程序运行结果（图1-10）

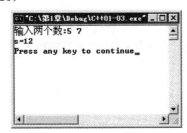

图 1-10　C++ 01-03.CPP 运行结果

☏ **知识要点分析**

主函数运行 a+b 的功能,如果把所有的功能让主函数完成,主函数运行的时间或变长,负荷增大,对于程序的功能可以进行划分,让一些函数独立完成,需要该功能时,主函数再进行调用,1.5.4 节就是把求和功能让 sum(int x,int y) 独立完成。

1.5.4　用自定义函数求两个数的和

📖 **案例描述**

输入两个数,分别赋给整型变量 a 和 b,用自定义函数求 a+b 并输出,保存程序文件名为 C++ 01-04.CPP。

✍ **案例实现**

```cpp
#include <iostream>
using namespace std;
void main()
{
    int a,b,s;
    int sum(int x,int y);              //声明 sum 函数并定义形参 x 和 y 为整型
    cout <<"输入两个数:";
    cin >> a >> b;
    s = sum(a,b);                      //调用 sum 函数,并传递两个实参 a 和 b
    cout <<"s = "<< s << endl;
}
int sum(int x,int y)                   //自定义函数的创建
{
    return x+y;
}
```

🖥 **程序运行结果**(图 1-11)

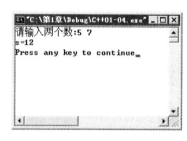

图 1-11　C++ 01-04.CPP 运行结果

☏ **知识要点分析**

● 自定义函数中实参与形参要保持类型一致、个数一致。
● 本案例是把实参 a 传给了形参 x,把实参 b 传给了形参 y。

1.5.5　求圆的面积

📖 **案例描述**

输入半径,求圆的面积并输出。其中半径可能为小数,面积计算结果也含有小数,因

C++概述 ————————

此在定义数据类型时为 float 或 double,保存程序文件名为 C++ 01-05. CPP。

✍ **案例实现**

```
#include <iostream>
#define PI 3.14                    //预处理,定义符号常量 PI 为 π 的值
using namespace std;
void main()
{
    float r,s;
    cout <<"请输入半径:";
    cin >> r;
    s = PI * r * r;
    cout <<"s = "<< s << endl;
}
```

🖥 **程序运行结果(图 1-12)**

图 1-12   C++ 01-05. CPP 运行结果

☎ **知识要点分析**

- 对于程序中使用固定不变的量可以定义为符号常量,如 #define PI 3.14。
- 输入的半径可能有小数,所以 r 定义为 float。

1.5.6   用自定义函数求圆的面积

📖 **案例描述**

输入半径,通过自定义函数求圆的面积并输出,保存程序文件名为 C++ 01-06. CPP。

✍ **案例实现**

```
#include <iostream>
#define PI 3.14
using namespace std;
void main()
{
    float r,s,yuan(float r);
    cout <<"请输入半径:";
    cin >> r;
    s = yuan(r);
    cout <<"s = "<< s << endl;
}
float yuan(float r)
{
```

```
    return PI * r * r;
}
```

🖥 **程序运行结果**（图 1-13）

图 1-13　C++ 01-06. CPP 运行结果

☎ **知识要点分析**

- 函数的返回值类型要与函数声明时的类型一致，也就是 return PI * r * r 的类型与 float r,s,yuan(float r)的类型一致。
- 符号常量 PI 可以用大写，也可以用小写，根据习惯一般用大写的较多。

1.5.7　求一个数的绝对值

📖 **案例描述**

输入一个整数，计算它的绝对值并输出，保存程序文件名为 C++ 01-07. CPP。

✎ **案例实现**

```cpp
#include <iostream>
using namespace std;
void main()
{
    int a,b;
    cout <<"请输入一个数:";
    cin >> a;
    if (a>=0) b = a;                    //条件判断
    else b = -a;
    cout <<"a 的绝对值是:"<< b << endl;
}
```

🖥 **程序运行结果**（图 1-14）

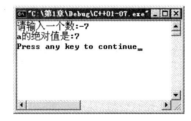

图 1-14　C++ 01-07. CPP 运行结果

☎ **知识要点分析**

if 语句,如果条件成立执行 b = a,不成立执行 b = －a。

1.5.8　用自定义函数求一个数的绝对值

📖 **案例描述**

输入一个数,通过自定义函数计算它的绝对值并输出,保存程序文件名为 C++ 01-08. CPP。

✎ **案例实现**

```cpp
# include < iostream >
using namespace std;
int jdz(int a) ;
int jdz(int a)                        //创建自定义函数
{
    if (a > = 0) return a;
    else return －a;
}

void main( )
{
    cout <<"请输入一个数:";
    cin >> a;
    b = jdz(a);
    cout <<"a 的绝对值是:"<< b << endl;
}
```

🖥 **程序运行结果(图 1-15)**

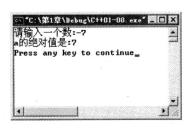

图 1-15　C++ 01-08. CPP 运行结果

☎ **知识要点分析**

- 自定义函数声明可以在主函数中,也可以在主函数的外面。
- 自定义函数可以在主函数的前面,也可以在主函数的后面。

1.6　本章课外实验

1. 输入梯形的上底、下底、高,求梯形的面积,保存程序文件名为 C++ 01-KS01. CPP,最终效果如图 1-16 所示。

2. 输入梯形的上底、下底、高,利用自定义函数求梯形的面积,保存程序文件名为

C++ 01-KS02. CPP,最终效果如图 1-17 所示。

图 1-16　C++ 01-KS01. CPP 运行结果　　　　图 1-17　C++ 01-KS02. CPP 运行结果

3. 输入两个数,用 4 个自定义函数对两个数进行加、减、乘、除四则运算,保存程序文件名为 C++ 01-KS03. CPP,最终效果如图 1-18 所示。

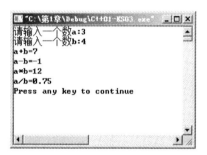

图 1-18　C++ 01-KS03. CPP 运行结果

第 2 章　C++数据类型

本章说明：

计算机处理的对象是数据,而数据是以某些特定的形式存在的(整数、浮点数、字符),在 C++ 中,数据包括常量与变量。不同类型的变量在 C++ 中运算十分灵活方便,掌握本章内容将为后面熟练编写 C++ 程序打下扎实的基础。

本章主要内容：

➢ C++ 数据类型
➢ C++ 常量
➢ C++ 变量

📖 **本章拟解决的问题：**

1. C++ 的数据类型有哪些?
2. 什么是常量,常量有哪些?
3. 什么是变量,变量有哪些类型?

2.1　C++数据类型

2.1.1　C++数据类型的构成

数据是人们记录概念和事物的符号表示。根据数据性质的不同,可以把数据分为不同的类型。在日常使用中,数据主要被分为数值和文字(即非数值)两大类,数值又细分为整数和小数(实数)两类。

在 C++ 语言中,数据类型如图 2-1 所示。

2.1.2　C++数据类型的声明

C++ 每种数据类型都对应着唯一的类型关键字、类型长度和值域范围,在使用之前要对数据类型进行声明,C++ 数据类型及宽度如表 2-1 所示。

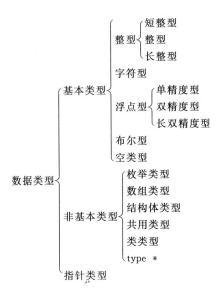

图 2-1　C++ 数据类型

表 2-1　C++数据类型及宽度

类　　型	关　键　字	长　　度	值　域　范　围
有符号短整型	short short int signed short int	2	$-2^{15} \sim 2^{15}-1$
无符号短整型	unsigned short unsigned short int	2	$0 \sim 2^{16}-1$
有符号整型	int signed int	4	$-2^{31} \sim 2^{31}-1$
无符号整型	unsigned unsigned int	4	$0 \sim 2^{32}-1$
有符号长整型	long long int signed long int	4	$-2^{31} \sim 2^{31}-1$
无符号长整型	unsigned long unsigned long int	4	$0 \sim 2^{32}-1$
有符号字符型	char signed char	1	$-128 \sim +127$
无符号字符型	unsigned char	1	$0 \sim 255$
逻辑型	bool	1	0 和 1
单精度	float	4	$-3.402823 \times 10^{38} \sim 3.402823 \times 10^{38}$
双精度	double	8	$-1.7977 \times 10^{308} \sim 1.7977 \times 10^{308}$
长双精度	long double	8	$-1.7977 \times 10^{308} \sim 1.7977 \times 10^{308}$
空值	void		

16

2.2 常量

常量是指在程序执行中不变的量,主要包括整型常量、实型常量、字符型常量、字符串常量、逻辑常量、符号常量等。

2.2.1 整型常量

一个整型常量可以用三种不同的形式表示,如表2-2所示。

表2-2　整型常量

形　式	表　示	十进制结果
十进制整数	1999	1999
八进制整数	03717	1999
十六进制整数	0x7cf	1999

2.2.2 浮点型常量

浮点型常量也称为实型常量,表示方法有两种,如表2-3所示。

表2-3　浮点型常量

形　式	举　例
小数形式	0.123,.123,123.,0.0
指数形式	123e3,0.123e3,123e-3

说明:

(1) 以小数形式表示时,0.123也可表示为.123;整型常量123若要转化为浮点型常量表示为123.;同样,整型常量0转化成浮点型常量表示为0.0。

(2) 以指数形式表示时,用字母e表示其后的数是以10为底的幂,如e3表示10^3,而123e3表示123×10^3。

2.2.3 字符型常量

字符型常量一般指单个字符,使用单引号定义。字符型常量还有特殊的表示方法,也称转义字符,是以"\"开头的字符型数据,在内存中仍然占用1个字节,通常也称其为控制符,常用的控制符如表2-4所示。

表2-4　常用的字符常量控制符

字符形式	功　能	ASCII码
\n	换行	10
\t	跳到下一个输出区	9
\v	竖向跳格	11
\b	退格,当前列前移一列	8

续表

字 符 形 式	功 能	ASCII 码
\r	回车,当前行的第一列	13
\f	走纸换页	12
\\	反斜杠字符	92
\'	单引号	39
\"	双引号	34
\0	空字符	0
\a	响铃	7
\ddd	1 到 3 位八进制所代表的字符	
\xhh	1 到 2 位十六进制数所代表的字符	

2.2.4　字符串常量

字符串常量是用双引号括起来的字符。例如:"abc\0",其中\0 表示字符串结束的标志,在定义字符串时可以省略,省略后就是"abc",系统会在字符串的末尾自动加上\0。

2.2.5　符号常量

符号常量是以标识符形式出现的常量,定义格式有以下两种。

第一种格式: #define pi 3.14,其中 pi 就是符号常量,代表值 3.14。

第二种格式: const float pi=3.14,其中 pi 也是符号常量,代表值也是 3.14。

符号常量虽然有名字,但它不是变量。

2.2.6　逻辑常量

逻辑常量只有两个值:真值 true 和假值 false,true 也可以用 1 来表示,false 也可以用 0 来表示。

2.3　变量

变量是其值可以被改变的量。每一个变量都属于一种数据类型,用来表示(即存储)该类型中的一个值。在程序中只有存在了一种数据类型后,才能够利用它定义出该类型的变量。根据这一原则,我们可以随时利用 C++语言中的每一种预定义类型和用户已经定义的每一种类型定义所需要使用的变量。一个变量只有被定义后才能被使用,即才能存储和读取。

2.3.1　变量的定义

1. 变量的定义

变量定义时,其基本格式为:

数据类型 变量名 1,变量名 2,变量名 3,…

2．变量命名的规则

（1）变量名必须以字母或下划线开头，当中也可含有字母、数字和下划线。

（2）变量名区分大小写，一般是用小写字母作变量名。

（3）变量名不能与系统关键字或函数重名。

3．变量的使用规则

（1）变量必须先定义后使用。

（2）变量一经定义就属于某个类型，并为其分配相应的存储单元。

（3）变量根据值的取值范围来做适合性定义。如果是非负值的可以赋给无符号型。

2.3.2 变量的分类

变量在使用时，主要有表 2-5 所示的类型。

表 2-5 变量的类型

类　　型	类型包括	举　　例
整型变量	短整型 整型 长整型	int a
浮点型变量	单精度浮点型 双精度浮点型 长双精度浮点型	float a
字符型变量	有符号字符型 无符号字符型	char a
逻辑型	逻辑型	bool a

2.4 本章教学案例

2.4.1 数据类型的宽度

📖 **案例描述**

利用 sizeof 运算符测试短整型、长整型、字符型、单精度型、双精度型的宽度，保存程序文件名为 C++ 02-01. CPP。

✎ **案例实现**

```cpp
#include <iostream>
using namespace std;
void main()
{
    short int a;
    int b;
    long int c;
```

```
    char d;
    float e;
    double f;
    cout <<"短整型 = "<< sizeof(a)<< endl;
    cout <<"整型 = "<< sizeof(b)<< endl;
    cout <<"长整型 = "<< sizeof(c)<< endl;
    cout <<"字符型 = "<< sizeof(d)<< endl;
    cout <<"单精度型 = "<< sizeof(e)<< endl;
    cout <<"双精度型 = "<< sizeof(f)<< endl;
}
```

■ 程序运行结果（图 2-2）

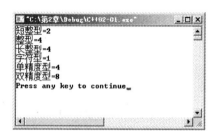

图 2-2　C++ 02-01.CPP 运行结果

☎ 知识要点分析

- sizeof()是宽度运算符，主要作用是判断数据类型或者表达式长度，返回的是字节数。
- 数据一声明就要占用内存空间。

2.4.2　英寸转换成厘米

📖 案例描述

输入英寸转换成厘米（1 英寸 = 2.54 厘米），保存程序文件名为 C++ 02-02.CPP。

✍ 案例实现

```
#include < iostream >
using namespace std;
void main()
{
    float yc,cm;
    cout <<"请输入英寸:";
    cin >> yc;
    cm = yc * 2.54;
    cout <<"转换后的结果是:"<< cm << endl;
}
```

■ 程序运行结果（图 2-3）

图 2-3　C++ 02-02.CPP 运行结果

☎ **知识要点分析**

- 输入的数据如果含有小数,我们必须把数据定义成 float 或 double。
- 如果没有小数可以定义为 int 或 long。

2.4.3 十进制与其他进制的转换

📖 **案例描述**

输入一个十进制数分别转换成十六进制、十进制、八进制输出。在程序执行时,输入 1999 作为调试数据,保存程序文件名为 C++ 02-03.CPP。

✍ **案例实现**

```
#include < iostream >
using namespace std;
void main( )
{
    int a;
    cout <<"请输入一个十进制数:";
    cin >> a;
    cout << hex;
    cout <<"该数的十六进制是:"<< a << endl;
    cout << dec;
    cout <<"该数的十进制是:"<< a << endl;
    cout << oct;
    cout <<"该数的八进制是:"<< a << endl;
}
```

🖥 **程序运行结果(图 2-4)**

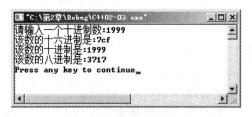

图 2-4 C++ 02-03.CPP 运行结果

☎ **知识要点分析**

- cout 在输出时,默认为十进制。
- 如果执行 cout << hex 以后输出的就是十六进制。
- 如果执行 cout << dec 以后输出的就是十进制。
- 如果执行 cout << oct 以后输出的就是八进制。

2.4.4 其他进制与十进制的转换

📖 **案例描述**

分别输入八进制、十进制、十六进制数转换成十进制输出,保存程序文件名为 C++ 02-04.CPP。

✍ **案例实现**

```cpp
#include<iostream>
using namespace std;
void main()
{
    int a;
    cout<<"请输入一个八进制数：";
    cin>>oct;
    cin>>a;
    cout<<"请输入一个十进制数：";
    cin>>dec;
    cin>>a;
    cout<<"请输入一个十六进制数：";
    cin>>hex;
    cin>>a;
    cout<<dec;
    cout<<"该数的十进制是："<<a<<endl;
}
```

🖥 **程序运行结果（图 2-5）**

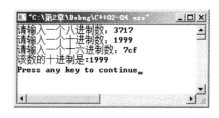

图 2-5　C++ 02-04.CPP 运行结果

☎ **知识要点分析**

● cin 在输入时，默认为十进制。

● 如果执行 cin>>oct 以后输入的就是八进制。

● 如果执行 cin>>dec 以后输入的就是十进制。

● 如果执行 cin>>hex 以后输入的就是十六进制。

2.4.5　用小数和指数形式输出变量值

📖 **案例描述**

分别给变量 a,b 赋值，一个是十进制形式，一个是指数形式，然后再分别用小数形式和指数形式输出 b 的值，保存程序文件名为 C++ 02-05.CPP。

✍ **案例实现**

```cpp
#include<iostream>
#include<iomanip>
using namespace std;
void main()
{
```

22

```
long double a,b,c;
a = 123456;
b = .3E4;
cout << setprecision(6);
cout << 2/3. << endl;
cout << setiosflags(ios::scientific);
cout << a << endl;
cout << hex << setiosflags(ios::uppercase);
cout << 1999 << endl;
}
```

🖳 程序运行结果（图 2-6）

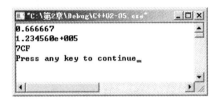

图 2-6　C++ 02-05. CPP 运行结果

☎ 知识要点分析

Cout 在输出数据时,先设置输出格式,然后就会按该格式输出数据,例如：

- cout << setprecision(6);　　　　　　　　　//设置 6 位小数
- cout << setiosflags(ios::scientific);　　　　//设置指数形式输出
- cout << hex << setiosflags(ios::uppercase);　//设置十六进制大写输出

2.4.6　用符号常量计算圆面积

📖 案例描述

利用符号常量,求圆的面积,程序运行时输入半径为 1 作为调试数据,保存程序文件名为 C++ 02-06. CPP。

✍ 案例实现

```
#include <iostream>
using namespace std;
const float PI = 3.14;
void main()
{
    float r,s,yuan(float r);
    cout <<"请输入半径:";
    cin >> r;
    s = yuan(r);
    cout <<"s = "<< s << endl;
}
float yuan(float r)
{
    return PI * r * r;
}
```

💻 **程序运行结果（图 2-7）**

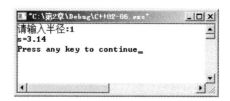

图 2-7　C++ 02-06.CPP 运行结果

☎ **知识要点分析**

- const float PI = 3.14 定义符号常量。
- 圆的面积计算结果是小数，因此 float yuan(float r) 在声明时定义返回的类型为 float。

2.5 本章课外实验

1. 输入半径求圆的周长和面积，保存程序文件名为 C++ 02-KS01.CPP，最终效果如图 2-8 所示。

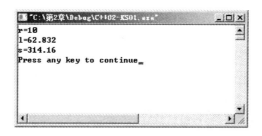

图 2-8　C++ 02-KS01.CPP 运行结果

2. 把字符型数据、实型数据赋给整型变量，输出整型变量的结果，保存程序文件名为 C++ 02-KS02.CPP，最终效果如图 2-9 所示。

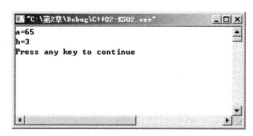

图 2-9　C++ 02-KS02.CPP 运行结果

第3章 C++运算符及表达式

本章说明：

C++运算符是对数据进行运算的符号，参与运算的数据称为操作数或运算对象，由操作数和运算符连接而成的式子称为表达式，通过本章的学习可以掌握运算符的使用，能为后面程序的编写建立准确的表达式。

本章主要内容：

➢ 基本运算符与表达式

➢ 逻辑运算符与表达式

➢ 位运算符

➢ 条件运算符与逗号表达式

➢ 赋值运算符及复合赋值运算符

📖 本章拟解决的问题：

1. 两个整数相除如何得到正确的结果？
2. 如何求一个数除以另一个数的余数？
3. 如何进行数据类型转换？
4. 如何计算一个数据的宽度？
5. 比较运算符和逻辑运算符的返回值是什么？
6. 条件表达式中的条件用什么表示？
7. 如何进行位运算？
8. 逗号表达式的整个表达式的值是哪一个？
9. = 和 == 有什么区别？
10. 复合赋值运算符怎么使用？

3.1 基本运算符与表达式

C++运算符是对数据进行运算的符号，参与运算的数据称为操作数或运算对象，由操作数运算符连接而成的式子称为表达式。

按照运算符要求操作数个数的多少，C++运算符分为以下三种：

- 单目(或一元)运算符，一般位于操作数的前面，如对 a 取负为一a。
- 双目(或二元)运算符，一般位于两个操作数之间，如两个数 a 和 b 相加表示为 a+b。

- 三目(或三元)运算符只有一个,即为条件运算符,它含有两个字符,分别把三个操作数分开。

3.1.1 算术运算符及表达式

这类运算符包括加、减、乘、除和取余5种,如表3-1所示。算术运算符的含义与数学上相同,该类运算的操作数可以为整数、实数、字符型等。用算术运算符连接起来的式子称为算术表达式。

表 3-1 算术运算符

序 号	运 算 符	含 义	举 例	结 果
1	＋	加	9＋4	13
2	－	减	9－4	5
3	＊	乘	9＊4	36
4	/	除	9/4 或 9/4.	2/2.25
5	％	取余	9％4	1

说明:

算术运算符的优先顺序如图 3-1 所示。

图 3-1 算术运算符的优先顺序

3.1.2 自增自减运算符

自增自减运算符主要是指 ++ 和 --,如表 3-2 所示。

表 3-2 自增自减运算符

序 号	运 算 符	含 义	举 例	结 果
1	++	增1	a 为 9 a++ 或 ++a	9 或 10
2	--	减1	a 为 9 a-- 或 --a	9 或 8

说明:

- a++ 和 a-- 是先用 a,后加减 1。
- ++a 和 --a 是先加减 1,后用 a。
- a++ 等价于 a=a+1 也等价于 a+=1。
- a-- 等价于 a=a-1 也等价于 a-=1。

3.1.3 pow 函数

除了算术运算符,如果解决乘幂问题可以使用 pow 函数来实现,具体格式为:

pow(x,y)

说明：

- pow(x,y)表示的是 x^y，其中 x,y 可以是整数，也可以是实数。
- 该函数的返回值为双精度型。

3.1.4　强制类型转换函数

强制类型转换函数是将一个类型转换成另一个类型进行运算，具体格式为：

(类型名)(表达式)

说明：将整数 9+4 转换成单精度就可以写成 (float)(9+4)。

3.1.5　数据长度运算符

数据长度运算符也称数据宽度运算符，具体格式为：

sizeof(数据或数据类型)

说明：

返回值是一个数据所占用的内存空间，用字节来表示。比如字符型数据宽度为1。

3.2　逻辑值运算符与表达式

3.2.1　关系运算符及表达式

关系运算符也称比较运算符，关系运算符共有 6 个，如表 3-3 所示，它们都是双目运算符，用来比较两个操作数的大小。由一个关系运算符连接的表达式称为关系表达式，当一个关系式成立时则计算结果为逻辑值真(1)，否则为逻辑值假(0)。

表 3-3　关系运算符

序　号	运　算　符	功　能	举　例	结　果
1	<	小于	9 < 4	0
2	>	大于	9 > 4	1
3	<=	小于等于	9 <= 4	0
4	>=	大于等于	9 >= 4	1
5	==	等于	9 == 4	0
6	!=	不等于	9 != 4	1

说明：

- 前 4 种关系运算符(>,>=,<,<=)的优先级别相同，后两种也相同。前四种高于后两种。
- 关系运算符的优先级低于算术运算符。
- 关系运算符的优先级高于赋值运算符。

- 关系运算符用 1 表示真值,用 0 表示假值。

3.2.2 逻辑运算符

逻辑运算符有三个,如表 3-4 所示,其中! 为单目运算符,&& 和|| 为双目运算符。逻辑运算的对象是逻辑值 0 或 1,若它不是一个逻辑值,则对于非 0 值首先转换为逻辑值 1,对于 0 值转换为逻辑值 0。逻辑运算的结果是一个逻辑值 1 或 0。

表 3-4　逻辑运算符

运　算　符	功　　能	举　　例	结　　果
!	逻辑非	! 9	0
&&	逻辑与	9&&2	1
||	逻辑或	9||4	1

说明:

- 逻辑运算符优先级顺序 !(非)→&&(与)→||(或),即"!"最优先。
- 逻辑运算符中的"&&"和"||"低于关系运算符,"!"高于算术运算符。
- 多个"&&"运算符,只有前一个为真,才判断下一个。
- 多个"||"运算符,只要有一个为真,就不判断下一个。

3.3 位运算符

位运算符要求操作数必须是整型、字符型和逻辑型数据,如表 3-5 所示。

表 3-5　位运算符

序　号	运　算　符	功　　能	举　　例	结　　果
1	&	位"与"	9&4	0
2	^	位"异或"	9^4	13
3	|	位"或"	9|4	13
4	~	位"取反"	~9	−10
5	>>	右移	9<<4	144
6	<<	左移	9>>2	2

说明:

- 一个数按位左移(<<)多少位将通常使结果比操作数扩大了 2 的多少次幂。
- 按位右移(>>)多少位将通常使结果比操作数缩小了 2 的多少次幂。
- 按位取反(~)使结果为操作数的按位反,即 0 变 1 和 1 变 0。
- 按位与(&)使结果为两个操作数的对应二进制位的与,1 和 1 的与得 1,否则为 0。
- 按位或(|)使结果为两个操作数的对应二进制位的或,0 和 0 的或得 0,否则为 1。
- 按位异或(^)使结果为两个操作数的对应二进制位的异或,0 和 1 及 1 和 0 的异或得 1,否则为 0。

3.4 条件运算符与逗号表达式

3.4.1 条件运算符

条件运算符是 C++中唯一的三目运算符,其使用格式为:

<条件表达式 1>?<表达式 2>：<表达式 3>

说明:

- 当计算<条件表达式 1>时,值非 0(真)则计算出<表达式 2>的值,这个值就是整个表达式的值。
- 若<条件表达式 1>的值为 0(假),则计算出<表达式 3>的值,它就是整个表达式的值。

3.4.2 逗号运算符

逗号运算符是一种顺序运算符,对于分别用逗号分开的若干个表达式,每个逗号都称为逗号运算符,合起来称为逗号表达式,具体格式为:

表达式 1,表达式 2,……,表达式 n

说明:

- x++,y+=x,z-3 就是一个逗号表达式,它首先计算 x++ 的值,该计算使 x 增1;接着计算 y+=x 的值,该计算使 y 增加了 x 的值;最后计算 z-3 的值。
- z-3 的值则成为整个表达式的值,也就是后一个表达式为整个表达式的值。

3.5 赋值运算符及复合赋值运算符

3.5.1 赋值运算符

赋值运算符主要是指 = 号,具体格式为:

变量名 = 表达式

说明:

- 使用=号进行赋值,== 表示的是比较。
- 将实型数据(包括单精度、双精度)赋给整型变量时,舍弃小数部分。
- 将整型数据赋给单双精度变量,数值不变,以浮点数形式存储到变量中。
- 整型赋给字符型,把整型的 ASCII 值的字符赋给字符型。
- 把字符赋给整型,是把字符的 ASCII 值赋给整型。

3.5.2 复合赋值运算符

复合赋值运算符如表 3-6 所示。

表 3-6 复合赋值运算符

序　　号	运　算　符	含　　义	表　达　式	等价表达式
1	+ =	复合赋值加	n + = 1	n = n + 1
2	- =	复合赋值减	n - = 1	n = n - 1
3	* =	复合赋值乘	n * = 1	n = n * 1
4	/ =	复合赋值除	n/ = 1	n = n/1
5	% =	复合赋值取余	n% = 1	n = n%1
6	<< =	复合赋值左移	n << = 1	n = n << 1
7	>> =	复合赋值右移	n >> = 1	n = n >> 1
8	& =	复合赋值按位与	n& = 1	n = n&1
9	| =	复合赋值按位或	n| = 1	n = n|1
10	^ =	复合赋值按位异或	n ^ = 1	n = n ^ 1

说明：

- x + = y+1 实际上就是 x = x+(y+1)。
- 使用复合运算符可以提高 C++ 程序的执行效率。

3.6 本章教学案例

3.6.1 除法运算

📖 **案例描述**

输入两个整数，对两个整数进行除法运算，运行时输入 9 和 4 作为调试数据，保存程序文件名为 C++ 03-01.CPP。

✍ **案例实现**

```cpp
#include<iostream>
using namespace std;
void main()
{
    int a,b;
    float c,d,e;
    cout <<"请输入两个整数";
    cin >> a >> b;
    c = a/b;
    d = 9/4.;
    e = (float)a/b;
    cout <<"c = "<< c << endl;
    cout <<"d = "<< d << endl;
    cout <<"e = "<< e << endl;
}
```

C++运算符及表达式

💻 **程序运行结果**(图3-2)

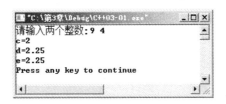

图 3-2　C++ 03-01. CPP 运行结果

☎ **知识要点分析**

- 如果两个整数相除,结果只能得到整数,要想得到小数,其中的一个数必须转换成小数(单双精度)。
- 如果是整型常量直接加小数点,如果是整型变量必须进行强制类型转换,转换成单双精度数。

3.6.2　取余运算

📖 **案例描述**

输入两个整数,对两个整数进行取余运算,运行时输入 9 和 4 作为调试数据,保存程序文件名为 C++ 03-02. CPP。

✎ **案例实现**

```
# include < iostream >
using namespace std;
void main()
{
    int a, b, c;
    cout <<"请输入两个整数";
    cin >> a >> b;
    c = a%b;
    cout <<"两个整数相除的余数: "<< c << endl;
}
```

💻 **程序运行结果**(图3-3)

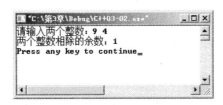

图 3-3　C++ 03-02. CPP 运行结果

☎ **知识要点分析**

- 如果两个整数直接相除,得到的是商。
- 如果得到余数就用%,运算结果是整数而不是小数。

3.6.3 求商运算

📖 **案例描述**

输入两个数,对两个数进行除法运算并求商,运行时输入 9 和 4 作为调试数据,保存程序文件名为 C++ 03-03.CPP。

✍ **案例实现**

```cpp
#include<iostream>
using namespace std;
void main()
{
    int a,b,c;
    cout<<"请输入两个数";
    cin>>a>>b;
    c=a/b;
    cout<<"两个数的商为: "<<c<<endl;
}
```

💻 **程序运行结果(图 3-4)**

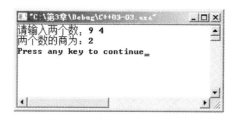

图 3-4 C++ 03-03.CPP 运行结果

☎ **知识要点分析**

两个整数相除,求商,只需两个整数相除即可,切记不能转换为单双精度。

3.6.4 数位分解运算

📖 **案例描述**

输入一个三位数,然后把个位、十位、百位上的数输出,运行时输入 789 作为调试数据,保存程序文件名为 C++ 03-04.CPP。

✍ **案例实现**

```cpp
#include<iostream>
using namespace std;
void main()
{
    int a,gw,sw,bw;
    cout<<"请输入一个三位数:";
    cin>>a;
    gw=a%10;
```

C++运算符及表达式

```
sw = a/10%10;
bw = a/100%10;
cout <<"个位上的数为: "<< gw << endl;
cout <<"十位上的数为: "<< sw << endl;
cout <<"百位上的数为: "<< bw << endl;
}
```

🖵 **程序运行结果**（图 3-5）

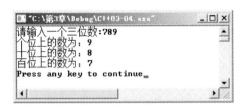

图 3-5　C++ 03-04.CPP 运行结果

☎ **知识要点分析**

- 任意一个数除以 10 的余数都是个位数。
- 一个整数除以 10（不能转换为单双精度）都是舍弃个位数。

3.6.5　自增自减运算

📖 **案例描述**

i=1,输出三次 i++ 的结果与 ++i 的结果,比较有何区别,保存程序文件名为 C++ 03-05.CPP。

✍ **案例实现**

```
# include < iostream >
using namespace std;
void main( )
{
    int i;
    i = 1;
    cout << i + + << endl;              //1
    cout << i + + << endl;              //2
    cout << i + + << endl;              //3
    cout <<"i = "<< i << endl;
    i = 1;
    cout << + + i << endl;              //2
    cout << + + i << endl;              //3
    cout << + + i << endl;              //4
    cout <<"i = "<< i << endl;
}
```

🖳 程序运行结果（图 3-6）

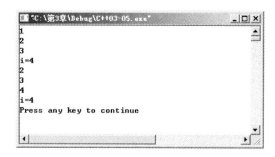

图 3-6　C++ 03-05.CPP 运行结果

☎ 知识要点分析

- i++ 是先用 i 然后再加 1。
- ++i,是先加 1 后用 i,
- —— 同 ++ 用法一样。

3.6.6　用 pow 函数计算数的次方

📖 案例描述

编写一个程序求 2 的 5 次方,保存程序文件名为 C++ 03-06.CPP。

✍ 案例实现

```cpp
#include <iostream>
using namespace std;
#include <cmath>
void main()
{
    int a = 2, pf;                          //定义成单双精度可以求任意次方
    pf = pow(a, 5);
    cout << "a = " << pf << endl;
}
```

🖳 程序运行结果（图 3-7）

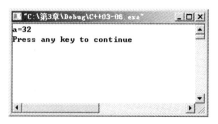

图 3-7　C++ 03-06.CPP 运行结果

☎ 知识要点分析

如果求 2 的平方根,可以使用 pow(2,1/2.)。

3.6.7　左移与右移

📖 **案例描述**

将十进制 44 左移两位和右移两位的值,保存程序文件名为 C++ 03-07. CPP。

✍ **案例实现**

```cpp
# include < iostream >
using namespace std;
void main( )
{
    int a = 44, b, c;
    b = a >> 2;
    c = a << 2;
    cout <<"b = "<< b << endl;
    cout <<"c = "<< c << endl;
}
```

🖳 **程序运行结果(图 3-8)**

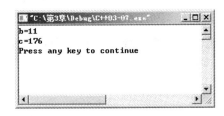

图 3-8　C++ 03-07. CPP 运行结果

☎ **知识要点分析**

位移是指二进制的位移,包括左移和右移两种。

3.6.8　用条件运算符求最大值

📖 **案例描述**

用条件运算符求两个数中较大的一个数,运行时输入 7 和 9 作为调试数据,保存程序文件名为 C++ 03-08. CPP。

✍ **案例实现**

```cpp
# include < iostream >
using namespace std;
void main( )

{
    int a, b, max;
    cout <<"输入 a, b 分别为: ";
    cin >> a >> b;
    max = a > b?a:b;
    cout <<"两个数最大的数是:"<< max << endl;
}
```

💻 **程序运行结果**（图3-9）

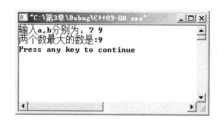

图3-9　C++03-08.CPP运行结果

📞 **知识要点分析**

- b值为真,则得到a的值,否则得到b的值。
- 同类问题也可以通过if语句实现。

3.7　本章课外实验

1. 通过效果图中的数据进行位运算,保存程序文件名为C++03-KS01.CPP,最终效果如图3-10所示。

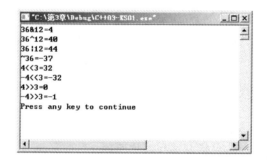

图3-10　C++03-KS01.CPP运行结果

2. 设a=1,b=1,c=3,依次求出下列表达式a的值:

- a += b+4;
- a <<= c-2;
- a * = 3;
- a += b += c;
- a -= b = ++c+2;

保存程序文件名为C++03-KS02.CPP,最终效果如图3-11所示。

图3-11　C++03-KS02.CPP运行结果

C++运算符及表达式

3. 用条件运算符求 x 的绝对值,并将结果赋给 y,程序运行时输入－5 调试,保存程序文件名为 C++ 03-KS03.CPP,最终效果如图 3-12 所示。

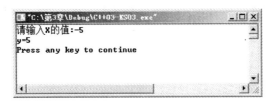

图 3-12 C++ 03-KS03.CPP 运行结果

4. 设 a = 2,b = 4,c = 6。求 y = x = a＋b,b＋c 的值,保存程序文件名为 C++ 03-KS04.CPP,最终效果如图 3-13 所示。

图 3-13 C++ 03-KS04.CPP 运行结果

5. 利用条件运算符判断输入的一个成绩,如果成绩≥ 90 分的用 A 表示,60～89 分之间的用 B 表示,60 分以下的用 C 表示,然后输出这个学生的成绩和等级,保存程序文件名为 C++ 03-KS05.CPP,最终效果如图 3-14 所示。

图 3-14 C++ 03-KS05.CPP 运行结果

第4章　顺序结构与选择结构

本章说明：

程序结构分为顺序结构、选择结构、循环结构。所谓顺序结构，就是指按照语句在程序中的先后次序一条一条地顺次执行。顺序结构主要包括表达式语句，数据的输入和输出等。选择结构是对条件进行判断，选择其中的一种情况执行。在本章我们会着重介绍顺序结构与选择结构的相关知识。

本章主要内容：

> ➤ C++语句的类型
> ➤ 数据的输入与输出
> ➤ 选择结构的主要类型

📖 **本章拟解决的问题：**

1. 如何使用赋值语句？
2. 如何进行语句的声明？
3. 如何进行字符的输入与输出？
4. 选择结构有哪几种形式？

4.1 C++语句分类

4.1.1 赋值语句

赋值语句就是运用赋值运算符"="编写的语句，它的作用是将一个数据赋给一个变量。

例如：

x = 9;

说明：

- 本例是把常量9赋给变量 x。
- 在赋值语句中除了可以把常量值赋给变量外也可以把一个表达式的值赋给一个变量，如 x = 9＋4;。

4.1.2 声明语句

声明语句就是对函数或变量进行类型的定义,声明语句的格式为:

对变量进行声明:类型名 变量 1,变量 2,变量 3,…
对函数进行声明:类型名 函数 1(),函数 2(),函数 3(),…

4.1.3 表达式语句

表达式语句指的是由一个表达式和一个分号构成的语句,如表 4-1 所示。

表 4-1　表达式语句

序号	表　达　式	举　　例	表达式的值
1	算术表达式	$2.5 * 3.0 + 2.5/5;$	8
2	关系表达式	$a = 3; b = 4; a <= b;$	1
3	逻辑表达式	$a = 3; b = 4; a \&\& b;$	1
4	条件表达式	$max = 4 > 3? \ 4 : 3;$	4
5	赋值表达式	$a = 2;$	2
6	逗号表达式	$a = 3 * 8, a + 5$	29

4.1.4 空语句

空语句指只有一个分号,不执行任何代码。

说明:

- while(条件表达式);若后面有一个分号,表示循环体为空,分号就是空语句。
- for(条件表达式 1;表达式 2;表达式 3);若后面有一个分号,表示循环体为空。
- if(条件表达式);表示条件为真,不执行任何语句。

4.1.5 复合语句

用{}括起来的一些语句称为复合语句。

如:

```
{
    s = a + b;
    if(s > 10) s = s + 1;
    cout << s << endl;
}
```

4.1.6 函数调用语句

函数调用语句是指由函数名和分号构成一个语句,如:max(a,b);就是函数调用语句,函数调用时也可以进行嵌套如:max(a,max(b,c));也是函数调用语句。

4.2 数据的输入

4.2.1 cin 语句

1. cin

格式为：

cin >> 变量 1 >> 变量 2...

说明：

这种形式可以输入数值数据、字符数据和字符串，输入比较灵活。

2. cin.get

格式为：

cin.get(字符变量)

说明：

这种形式用来输入单个字符。

3. cin.getline

格式为：

cin.getline(字符数组(或字符指针)，字符个数 n，终止符)

说明：

这种形式用来输入一行字符串，以终止符作为结束标志，常用的终止符是\n。

4.2.2 getchar 函数

getchar 是字符输入函数，具体格式为：

字符变量 = getchar()

说明：

该函数的作用是从终端输入一个字符赋给字符变量。

4.2.3 scanf 函数

scanf 函数是格式输入函数，具体格式为：

scanf(格式控制，地址列表)

格式控制符如表 4-2 所示。

表 4-2   scanf 函数格式控制符

格 式 字 符	说　明
%d	用来输入十进制数
%o	用来输入八进制数
%x	用来输入十六进制数
%c	用来输入单个字符
%s	用来输入一个字符串,将字符串送到一个字符数组中
%f	用来输入实数,可以是小数或指数形式
l	用于输入长整型,可用%ld,%lo,%lx 以及 double 用%lf
h	用于输入短整型数据可用%hd,%ho,%hx

4.3 数据的输出

4.3.1 cout 语句

cout 在输出数据时可以是常量、变量、表达式,具体格式为:

cout <<表达式 1 <<表达式 2…

在使用 cout 输出时,可以通过格式控制符控制输出格式,如表 4-3 所示。

表 4-3   cout 输出格式控制符

格　式　符	含　义
dec	置基数为 10
hex	置基数为 16
oct	置基数为 8
setfill(c)	设填充字符为 c
setprecision(n)	设显示小数精度为 n 位
setw(n)	设域宽为 n 个字符
setiosflags(ios∷fixed)	设置浮点数以固定的小数位显示
setiosflags(ios∷scientific)	指数表示
setiosflags(ios∷left)	左对齐
setiosflags(ios∷right)	右对齐
setiosflags(ios∷skipws)	忽略前导空白
setiosflags(ios∷uppercase)	十六进制数大写输出
setiosflags(ios∷lowercase)	十六进制数小写输出
setiosflags(ios∷showpos)	正数时给出"＋"

4.3.2 putchar 函数

putchar 函数的作用是向终端输出一个字符,具体格式为:

putchar(字符或字符变量)

41

4.3.3　printf 函数

printf 函数是格式输出函数,如表 4-4 所示,具体格式为:

printf(格式控制符,输出列表);

表 4-4　printf 函数格式控制符

%d	以十进制的形式输出整数
%o	以八进制的形式输入整数
%x	以十六进制的形式输出整数
%u	以无符号十进制形式输出整数
%c	以字符形式输出,只输出一个字符
%s	输出字符串
%f	以小数形式输出单双精度数,隐含 6 位小数
l	用于长整型,可以加在 d、o、x、u 的前面
m	代表一个正整数,数据最小宽度,m 表示左补的空格,-m 表示右补的空格
.n	对实数表示输入 n 位小数,对字符串,表示从左端截取的字符个数
—	输出的数字或字符在域内向左靠

4.4　选择结构

4.4.1　if 语句

语句格式为:

if(表达式)语句;

如:

if(a! = 2)cout << a << endl;

4.4.2　if…else…语句

语句格式为:

if(表达式)语句 1;
else 语句 2;

如:

if(a > b)cout << a << endl;
else cout << b << endl;

4.4.3　if…else if…

语句格式为:

if(表达式 **1**)语句 **1**;
else if(表达式 **2**)语句 **2**;
　　　⋮
else if(表达式 **n**)语句 **n**;

4.4.4 switch

switch 语句是多分支选择语句,用来实现多分支选择结果,事实上,用 if 的嵌套语句也可以实现多分支选择结果,其一般形式为:

switch (表达式)
　　{
　　case 常量表达式 **1**:语句 **1**;**break**;
　　case 常量表达式 **2**: 语句 **2**;**break**;
　　case 常量表达式 **3**: 语句 **3**;**break**;
　　...
　　default: 语句 **n**;**break**;
　　}

说明:

* Switch 后面的表达式可以是数值型数据。
* 每一个 case 的表达式都必须不一样,否则会相互矛盾,程序错误。
* 当 case 中常量表达式语句与 switch 表达式相匹配时,则执行 case 表达式相应的语句,否则执行 default 相应的语句。
* 程序中 case 和 default 语句的顺序可以调换,不影响结果。
* case 常量表达式与其相应的语句只是起到了语句标号的作用,并不是直接结束程序进行判断。若想在 case 语句后直接进行判断,则需要在每条 case 语句后加 break 语句来达到结束语句的目的。
* 多个 case 可以共用一个 case 语句。

4.5 本章教学案例

4.5.1 用三个数求最大值

📖 案例描述

编写程序输入 a,b,c 三个整数,输出其中的最大值,程序运行时,输入 7、8、9 作为调试数据,保存程序文件名为 C++ 04-01. CPP。

✍ 案例实现

```
# include < iostream >
using namespace std;
void main( )
{
    int a,b,c,zds,max(int x,int y);
    cout <<"输入 a,b,c 三个数:";
```

```
    cin >> a >> b >> c;
    zds = max(max(a,b),c);
    cout <<"a,b,c 中最大的数是:"<< zds << endl;
}
int max(int x,int y)
{
    if (x > y) return x;
    else return y;
}
```

💻 程序运行结果（图 4-1）

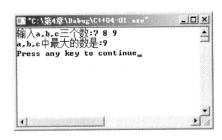

图 4-1　C++ 04-01.CPP 运行结果

☎ 知识要点分析

max(max(a,b),c);主要运用了自定义函数的嵌套调用。

4.5.2　输入字母进行大小写转换

📖 案例描述

输入一个英文字符,如果是大写输入,用小写输出,如果是小写输入,用大写输出,程序运行时,输入 a 作为调试数据,保存程序文件名为 C++ 04-02.CPP。

✍ 案例实现

```
# include < iostream >
using namespace std;
void main()
{
    char c;
    int n;
    cout <<"c = ";
    scanf("%c", &c);
    //c = getchar();
    //cin >> c;
    {
        int n;
        n = c;
        if (n >= 65 && n <= 90) c+32;
        else c-32;
    }
    printf("c = %c\n",c-32);
}
```

💻 程序运行结果（图 4-2）

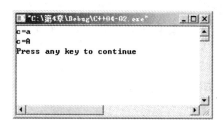

图 4-2   C++ 04-02.CPP 运行结果

☎ 知识要点分析

- 输入字符可以使用 scanf，也可使用 getchar 或 cin 来输入。
- 大小字母的 ASCII 的值相差 32，可以用 32 进行大小写的转换。

4.5.3   复合语句变量作用范围

📖 案例描述

定义整型、实型、字符型三个变量，然后进行加法运算，指出转换规律，保存程序文件名为 C++ 04-03.CPP。

✍ 案例实现

```cpp
# include < iostream >
using namespace std;
void main()
{
    int a;
    float b;
    b = .123;
    {
        char c;
        float b;
        a = 100;
        b = 100;
        c = 'a';                        //a 的 ASCII 的值是 97
        printf("b+c = %f\n",b+c);
    }
    printf("a+b = %f\n",a+b);
}
```

💻 程序运行结果（图 4-3）

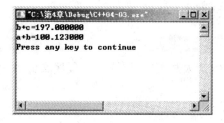

图 4-3   C++ 04-03.CPP 运行结果

45

☎ **知识要点分析**

- 在 C++程序中,复合语句所定义的 b 只能在本复合语句中使用,因此 b+c = 197。
- 复合语句结束后,a 的值在复合语句中是 100,b 的值恢复为原来的.123,因此 a+b = 100.123。

4.5.4 运用 putchar 输出字符

📖 **案例描述**

用 putchar()函数输出 26 个大写英文字母,保存程序文件名为 C++ 04-04.CPP。

✍ **案例实现**

```cpp
#include<iostream>
using namespace std;
void main()
{
    int i;
    char zf;
    for (i = 65;i<=90;i++)
        {
            zf = i;
            putchar(zf);
        }
    putchar('\n');
}
```

💻 **程序运行结果(图 4-4)**

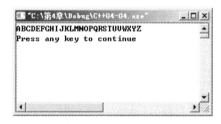

图 4-4 C++ 04-04.CPP 运行结果

☎ **知识要点分析**

- 在 C++程序中,putchar 是字符输出函数。
- putchar(zf)就相当于 printf("%c",zf)。

4.5.5 运用 printf 输出字符

📖 **案例描述**

用 printf()函数输出 26 个大写英文字母,保存程序文件名为 C++ 04-05.CPP。

✍ **案例实现**

```cpp
#include<iostream>
using namespace std;
```

46

```
void main()
{
    int i;
    char zf;
    for (i = 65;i < = 90;i + + )
        {
        zf = i;
        printf("%c",zf);
        }
    printf("\n");
}
```

🖳 **程序运行结果**（图 4-5）

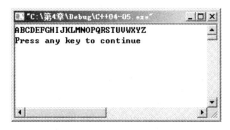

图 4-5　C++ 04-05.CPP 运行结果

☎ **知识要点分析**

此程序与前一程序对应,显示出使用 putchar 函数与 printf 函数的用法上的区别。

4.5.6　用八进制与十六进制数输入

📖 **案例描述**

输入一个八进制数和一个十六进制的数,然后转换成十进制输出,程序运行时,输入 3717、7cf 作为调试数据,保存程序文件名为 C++ 04-06.CPP。

✍ **案例实现**

```
# include < iostream >
using namespace std;
void main()
{
    int a,b,c;
    printf("a = ");
    scanf("%o",&a);
    printf("b = ");
    scanf("%x",&b);
    printf("a = %d\n",a);
    printf("b = %d\n",b);
}
```

💻 程序运行结果（图 4-6）

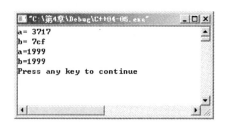

图 4-6　C++ 04-06.CPP 运行结果

☎ 知识要点分析

- 输入八进制是"%o"。
- 输入十六进制是"%x"。
- 输入十进制是"%d"。

4.5.7　用小数与指数输入

📖 案例描述

分别用十进制小数形式和指数形式输入两个双精度数,然后求两个数的和,程序运行时,输入 123e-3、123. 作为调试数据,保存程序文件名为 C++ 04-07.CPP。

✍ 案例实现

```
#include <iostream>
using namespace std;
void main()
{
    double a,b;
    printf("请用指数形式输入双精度数 a:");
    scanf("%lf",&a);
    printf("请用小数形式输入双精度数 b:");
    scanf("%lf",&b);
    printf("a+b = %lf\n",a+b);
}
```

💻 程序运行结果（图 4-7）

图 4-7　C++ 04-07.CPP 运行结果

☎ 知识要点分析

- 本案例主要是讲解浮点型常量的两种表示形式的使用。

- 123e-3 表示的数是 0.123,123 是整型常量,而 123.则表示是浮点型常量。

4.5.8 用字符常量输出

📖 **案例描述**

用十进制、八进制和十六进制的字符常量控制符输出大写字母 A,要求换行输出,保存程序文件名为 C++ 04-08.CPP。

✍ **案例实现**

```cpp
#include <iostream>
using namespace std;
void main()
{
    putchar(65);
    putchar('\n');
    putchar('\101');
    putchar('\n');
    putchar('\x41');
    putchar('\n');
}
```

🖥 **程序运行结果(图 4-8)**

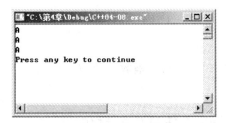

图 4-8   C++ 04-08.CPP 运行结果

🐝 **知识要点分析**

- 大写字母 A 的十进制是 65,八进制是 101,十六进制是 41。
- 大写字母 B 的十进制是 66,以此类推,Z 的十进制是 90。
- 小写字母 a 的十进制是 97,小写字母 b 是 98,以此类推,小写 z 是 122。

4.5.9 用函数方程求解

📖 **案例描述**

$$y = \begin{cases} -1 & x < 0 \\ 0 & x = 0 \\ 1 & x > 0 \end{cases}$$

求函数 y 的值,程序运行时,输入 5 作为调试数据,保存程序文件名为 C++ 04-09.CPP。

✍ **案例实现**

```cpp
#include <iostream>
using namespace std;
void main()
{
    int x,y;
    cout <<"请输入 x 的值:";
    cin >> x;
    if (x>0) y = 1;
    else if (x==0) y = 0;
    else y = -1;
    cout <<"y = "<< y << endl;
}
```

🖳 **程序运行结果(图 4-9)**

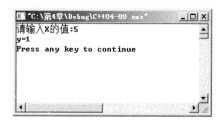

图 4-9 C++ 04-09.CPP 运行结果

☎ **知识要点分析**

本题的主要知识点是 if…else if…函数的使用。用以处理不同情况不同结果的同一变量。

4.5.10 用 if…else if 计算货款打折

📖 **案例描述**

货款打折问题。如果货款 X:

x < 100	没有折扣
100 ≤ x < 200	95％折扣
200 ≤ x < 300	90％折扣
300 ≤ x < 400	85％折扣
400 ≤ x	80％折扣

程序运行时,输入 500 作为调试数据,保存程序文件名为 C++ 04-10. CPP。

✍ **案例实现**

```cpp
#include <iostream>
using namespace std;
void main()
{
    float x,y;
loop:
```

```
    cout <<"请输入货款 x:";
    cin >> x;
    if (x <= 0) goto loop;
    else
    {
        if (x < 100) y = x;
        else if (x < 200) y = 0.95 * x;
        else if (x < 300) y = 0.9 * x;
        else if (x < 400) y = 0.85 * x;
        else y = 0.8 * x;
    }
    cout <<"y = "<< y << endl;
}
```

🖳 程序运行结果(图 4-10)

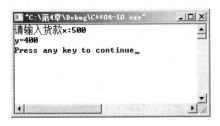

图 4-10　C++ 04-10. CPP 运行结果

☎ 知识要点分析

- 用 if 进行条件判断时,如果上面的条件成立就不判断下面的条件。
- goto loop 是在货款小于 0 的情况下,重新输入货款。

4.5.11　用 switch 计算货款打折

📖 案例描述

用 switch 处理货款打折问题:

x < 100	没有折扣
100 ≤ x < 200	95％折扣
200 ≤ x < 300	90％折扣
300 ≤ x < 400	85％折扣
400 ≤ x	80％折扣

程序运行时,输入 300 作为调试数据,保存程序文件名为 C++ 04-11. CPP。

✍ 案例实现

```
# include < iostream >
using namespace std;
void main()
{
    int n;
    float x, y;
    cout <<"输入货款 x:";
```

```
cin >> x;
n = x/100;
switch (n)
{
case 0 : y = x; break;
    case 1 : y = 0.95 * x; break;
    case 2 : y = 0.9 * x; break;
    case 3 : y = 0.85 * x; break;
    default : y = 0.8 * x; break;
}
cout << "y = " << y << endl;
}
```

🖳 **程序运行结果**（图 4-11）

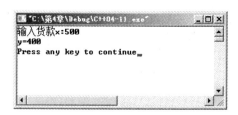

图 4-11　C++ 04-11.CPP 运行结果

☎ **知识要点分析**

- n 是整型 x < 100 时 n = x/100 的值是 0。
- 100 ≤ x < 200 时 n = x/100 的值是 1。
- 200 ≤ x < 300 时 n = x/100 的值是 2。
- 300 ≤ x < 400 时 n = x/100 的值是 3。
- 其余的是 default。
- 每执行一个 case 用 break 结束。

4.6　本章课后实验

1. 编写程序输入 a,b,c 三个整数,输出其中的最大值,程序运行时,输入 7、8、9 作为调试数据,保存程序文件名为 C++ 04-KS01.CPP,最终效果如图 4-12 所示。

图 4-12　C++ 04-KS01.CPP 运行结果

2. 输入三角形的三条边 a,b,c,求三角形的面积,程序运行时,输入 3、4、5 作为调试数据,保存程序文件名为 C++ 04-KS02.CPP,最终效果如图 4-13 所示。

3. 输入一元二次方程的三个系数 a,b,c,求一元二次方程的根,程序运行时,输入 1、5、4 作为调试数据,保存程序文件名为 C++ 04-KS03.CPP,最终效果如图 4-14 所示。

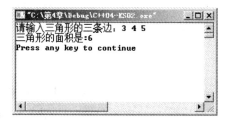

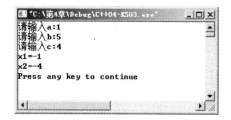

图 4-13　C++ 04-KS02.CPP 运行结果

图 4-14　输入 1、5、4 时 C++ 04-KS03.CPP
　　　　　 运行结果

当程序运行时,输入 1、4、5 作为调试数据,运行结果如图 4-15 所示。

4. 用条件运算符求三个数中最大的一个数,程序运行时,输入 7、8、9 作为调试数据,保存程序文件名为 C++ 04-KS04.CPP,最终效果如图 4-16 所示。

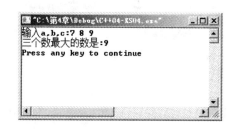

图 4-15　输入 1、4、5 时 C++ 04-KS03.CPP
　　　　　 运行结果

图 4-16　C++ 04-KS04.CPP 运行结果

5. 用条件运算符求 y 的值,$y = \begin{cases} -1 & x < 0 \\ 0 & x = 0 \\ 1 & x > 0 \end{cases}$,程序运行时,输入 0 作为调试数据,保存程序文件名为 C++ 04-KS05.CPP,最终效果如图 4-17 所示。

6. 输入一个百分制成绩,要求输出等级为 A(90～100),B(80～89),C(70～79),D(60～69),E(60 以下),程序运行时,输入 78 作为调试数据,保存程序文件名为 C++ 04-KS06.CPP,最终效果如图 4-18 所示。

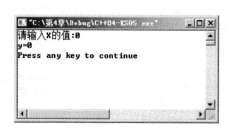

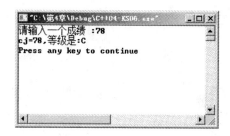

图 4-17　C++ 04-KS05.CPP 运行结果

图 4-18　C++ 04-KS06.CPP 运行结果

7. 运输公司对用户计算运费。路程(s)越远,每千米费用越低。标准如下:

s < 500km	没有折扣
500km ≤ s < 1000km	2％折扣
1000km ≤ s < 2000km	5％折扣
2000km ≤ s < 3000km	8％折扣
3000km ≤ s < 5000km	10％折扣
s ≥ 5000km	15％折扣

总运费计算公式为：总运费＝基本运费 * 货物重 * 距离 * （1－折扣），其中设总运费为 p，基本运费为 a，货物重为 b，路程为 s（请使用 if…else if…语句和 switch 语句）。运行结果如图 4-19 所示。

使用 if…else if…语句，程序运行时，输入 10、5、800 作为调试数据，保存程序文件名为 C++ 04-KS07.CPP，最终效果如图 4-19 所示。

8. 使用 switch 语句完成第 7 题同样的问题，程序运行时，输入 10、5、800 作为调试数据，保存程序文件名为 C++ 04-KS08.CPP，最终效果如图 4-20 所示。

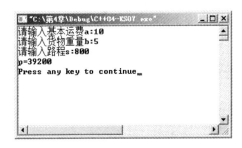

图 4-19 C++ 04-KS07.CPP 运行结果

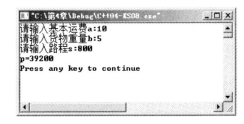

图 4-20 C++ 04-KS08.CPP 运行结果

第 5 章　循 环 结 构

本章说明：

C++的循环结构是指重复地执行某段代码，直到得到用户所要的结果。读者通过本章的学习可以掌握循环结构各个语句的使用以及跳转语句的功能。

本章主要内容：

> ➢ C++循环结构
> ➢ C++跳转结构

📖 **本章拟解决的问题：**

1. 如何使用 for 语句实现循环？
2. 如何使用 while 语句实现循环？
3. 如何使用 do while 语句实现循环？
4. break 语句起到什么样的作用？
5. continue 语句起到什么样的作用？
6. 如何用 goto 语句实现循环？

5.1 C++循环语句

5.1.1　for 循环

for 语句是使用最广泛的语句，通过 for 语句构造的循环结构简单，执行效率高，for 语句格式为：

```
for (循环变量初值;循环条件;循环步长)
    {
        <语句组>;
    }
```

说明：

- 循环变量初值可以省略，可以在循环体前定义初值，但其后的分号不能省略。
- 循环条件如省略则为永久循环，可用 goto 语句或 break 语句结束，其后的分号不能省略。
- 循环步长可省略，可以把步长加在程序中。

5.1.2 while 循环

while 语句格式为：

while（条件表达式）
{
  <语句组>；
}

说明：

- 当指定的条件为真时循环，条件为假时退出循环。
- 如果是单语句，花括号可以省略。
- 循环体如果是多语句，应该用花括号括起来，以复合语句形式出现。
- 可以使用 goto 语句或 break 语名结束循环体。
- 循环变量初始化操作应在 while 之前定义。

5.1.3 do 循环

do 循环语句格式为：

do
  <语句>
while(<表达式>)

说明：

- do…while 语句可以转换成 while 语句。
- do…while 语句的特点是先执行循环体，然后判断循环条件是否成立。

5.2 跳转语句

5.2.1 break 语句

break 语句格式为：

break；

说明：

- 跳出循环体。
- 跳过 switch 结构的剩余部分。
- break 在 if…else 中无效。

5.2.2 continue 语句

continue 语句格式为：

continue；

说明：

- continue 称为循环继续语句，用在循环结构中，结束本次循环，执行下一次循环。
- 遇到 continue 后面的语句将不再执行。

5.2.3　goto 语句

goto 称为转向语句，语句格式为：

goto <标号>

说明：

- 标号是由用户命名的标识符。
- 在 goto 语句所处的函数体中必须同时存在由标号存在的语句<标号>：<语句>。
- goto 可以使程序转到用户指定的地方。
- 可以避免多次地使用 break。

5.3　本章教学案例

5.3.1　用 for 循环求 1～100 的和

📖 **案例描述**

运用 for 循环求 1～100 的和，保存程序文件名为 C++ 05-01. CPP。

✍ **案例实现**

```cpp
#include <iostream>
using namespace std;
void main()
{
    int i, s = 0;
    for(i = 1; i <= 100; i++)
        s += i;
    cout << "s = " << s << endl;
}
```

💻 **程序运行结果（图 5-1）**

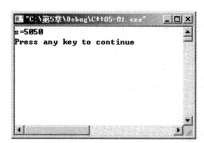

图 5-1　C++ 05-01. CPP 运行结果

☎ **知识要点分析**

- 循环体变量初值为 i=1,循环的条件为 i<=100,循环的步长为 i++。
- 其中 i++ 可以写成 i+=1 或 i=i+1。

5.3.2　用 goto 语句退出循环

📖 **案例描述**

用 for 语句求 1~100 的和,在 for 语句中省略了初值、条件、步长,并且通过 goto 语句退出循环,保存程序文件名为 C++ 05-02.CPP。

✍ **案例实现**

```
#include<iostream>
using namespace std;
void main()
{
    int i=1,s=0;
    for (;;)
        {
            s=s+i;
            i++;
            if (i==101) goto exit;
        }
    exit:
    cout<<"s="<<s<<endl;
}
```

💻 **程序运行结果（图 5-2）**

图 5-2　C++ 05-02.CPP 运行结果

☎ **知识要点分析**

- 在 int i 定义变量初值,循环体内的 i++ 为步长。
- 用 goto exit 退出循环体。

5.3.3　用 while 求 1~100 的和

📖 **案例描述**

运用 while 求 1~100 的和,保存程序文件名为 C++ 05-03.CPP。

✍ **案例实现**

```
#include<iostream>
```

58

```
using namespace std;
void main()
{
    int i = 1, s = 0;
    while(i <= 100)
    {
        s += i;
        i++;
    }
    cout << "s = " << s << endl;
}
```

📟 **程序运行结果（图 5-3）**

图 5-3　C++ 05-03. CPP 运行结果

☎ **知识要点分析**

int i = 1 为循环变量初值，while(i <= 100)为循环的条件，i++;为变量的步长。

5.3.4　用 break 终止 while 循环

📖 **案例描述**

运用 while 求 1～100 的和，通过 break 语句结束循环，保存程序文件名为 C++ 05-04.
CPP。

✍ **案例实现**

```
# include < iostream >
using namespace std;
void main()
{
    int i = 1, s = 0;
    while(true)
    {
        s += i;
        i++;
        if(i == 101) break;
    }
    cout << "s = " << s << endl;
}
```

💻 **程序运行结果(图 5-4)**

图 5-4　C++ 05-04.CPP 运行结果

☎ **知识要点分析**

- 用 int i 定义变量初值,while(true)为永久循环,也就是我们所说的死循环。
- i++ 为变量的步长,用 if(i == 101) break 作为循环结束。

5.3.5　用 do…while 循环求 1~100 的和

📖 **案例描述**

运用 do…while 求 1~100 的和,保存程序文件名为 C++ 05-05.CPP。

✍ **案例实现**

```cpp
#include<iostream>
using namespace std;
void main()
{
    int i = 1, s = 0;
    do
    {
        s += i;
        i++;
    } while(i <= 100);
    cout <<"s = "<< s << endl;
}
```

💻 **程序运行结果(图 5-5)**

图 5-5　C++ 05-05.CPP 运行结果

☎ **知识要点分析**

- int i = 1 为循环变量初值,i + + 为循环变量的步长,while(i < = 100)为循环的条件。
- do…while 与 while 的最大区别是先执行程序,然后判断循环条件。

5.3.6 用 goto 语句求 1～100 的和

📖 **案例描述**

运用 goto 语句求 1～100 的和,保存程序文件名为 C++ 05-06. CPP。

✍ **案例实现**

```
#include <iostream>
using namespace std;
main()
{
    int i = 1, s = 0;
top:
    if (i < = 100)
        {
            s += i;
            i ++ ;
            goto top;
        }
    cout <<"s = "<< s << endl;
}
```

🖥 **程序运行结果(图 5-6)**

图 5-6 C++ 05-06. CPP 运行结果

☎ **知识要点分析**

本案例没有使用任何循环语句,用 goto 控制程序结构实现 1～100 的和累加。

5.3.7 用 while 语句计算 1～100 奇数的和

📖 **案例描述**

运用 while 求 1～100 中奇数的和,保存程序文件名为 C++ 05-07. CPP。

✍ **案例实现**

```
#include <iostream>
```

```
using namespace std;
main()
{
    int i = 1, s = 0;
    while (i <= 100)
        {
            s += i;
            i++;
            i++; /* i+= 2 */
        }
    cout <<"s = "<< s << endl;
}
```

🖥 程序运行结果（图 5-7）

图 5-7　C++ 05-07.CPP 运行结果

☎ 知识要点分析

求奇数的和，初始值从 1 开始，步长值为 2，可以用两个 i++，也可以用一个 i+=1。

5.3.8　用 do…while 计算数列和

📖 案例描述

S = 1+1/2+1/3+1/4+…+1/100 的和，保存程序文件名为 C++ 05-08. CPP。

✍ 案例实现

```
# include < iostream >
using namespace std;
main()
{
    float i = 1, s = 0;
    do
        {
            s = s+1/i;
            i++;
        }
    while (i <= 100);
    cout <<"s = "<< s << endl;
}
```

程序运行结果（图 5-8）

图 5-8　C++ 05-08.CPP 运行结果

☎ 知识要点分析

i 的值用来循环分母，步长值为 1。

5.3.9　用 goto 语句控制数列求和

📖 案例描述

S = 1＋1/2－1/3＋1/4－1/5＋…的前 30 项，保存程序文件名为 C++ 05-09.CPP。

✍ 案例实现

```cpp
#include <iostream>
#include <cmath>
using namespace std;
main()
{
    float i = 2, s = 1;
    for (;;)
        {
        s = s＋1/i * pow(-1, i);
        i++;
        if (i == 31) goto exit;
        }
    exit:
    cout <<"s = "<< s << endl;

}
```

程序运行结果（图 5-9）

图 5-9　C++ 05-09.CPP 运行结果

☎ **知识要点分析**

该数列从第二项开始,奇数项为负值,偶数项为正值,通过 pow(-1,i) 控制正负值。

5.3.10 计算 10!

📖 **案例描述**

用 for 语句计算 10!,保存程序文件名为 C++ 05-10.CPP。

✍ **案例实现**

```cpp
#include<iostream>
Using namespace std;
main()
{
    Short int i=1
    long t=1;
    for (;i<=10;i++)
        {
            t=t*i;
        }
    cout<<"t="<<t<<endl;

}
```

💻 **程序运行结果(图 5-10)**

图 5-10　C++ 05-10.CPP 运行结果

☎ **知识要点分析**

- longt=1是用于阶乘的累乘初值,所以为1。
- t=t*i进行累乘。

5.3.11 判断素数

📖 **案例描述**

输入一个数,判断是否为素数,保存程序文件名为 C++ 05-11.CPP。

✍ **案例实现**

```cpp
#include<iostream>
using namespace std;
void main()
```

```
{
    int n, bj, i;
    cout <<"请输入一个数 n:";
    cin >> n;
    bj = 1;
    for (i = 2; i < n; i ++)
        {
        if (n%i == 0)
            {
            bj = 0;
            break;
            }
        }
    if (bj == 1) cout <<"yes"<< endl;
    else cout <<"no"<< endl;
}
```

🖳 程序运行结果（图 5-11）

图 5-11　C++ 05-11. CPP 运行结果

☎ 知识要点分析

其中 bj = 1 也可以定义为 bool bj = true，在 if 判断中让 bj = false。

5.3.12　通过 continue 结束本次循环

📖 案例描述

三位数中能被 13 整除的数的个数，保存程序文件名为 C++ 05-12. CPP。

✍ 案例实现

```
# include < iostream >
using namespace std;
void main()
{
    int i, s = 0;
    for (i = 100; i <= 999; i ++)
        {
        if (i%13! = 0)
        continue;
        s = s+1;
        }
    cout <<"s = "<< s << endl;
}
```

💻 **程序运行结果**（图 5-12）

图 5-12　C++ 05-12.CPP 运行结果

☎ **知识要点分析**

continue 是结束本次循环，使下面的 s = s＋1 没有执行。

5.3.13　学生成绩计算

📖 **案例描述**

输入 10 个学生的成绩（100 分制成绩），求出这 10 个学生的平均分、最高分、最低分，保存程序文件名为 C++ 05-13.CPP。

✍ **案例实现**

```cpp
#include <iostream>
#include <cmath>
using namespace std;
void main()
{
    int cj, sum = 0, max = 0, min = 100, i;
    for(i = 0; i < 10; i++)
    {
        cout <<"请输入第"<< i+1 <<"个人的成绩:";
        cin >> cj;
        sum += cj;
        if(cj > max) max = cj;
        if(cj < min) min = cj;
    }
    cout <<"sum = "<< sum <<", max = "<< max <<", min = "<< min << endl;
}
```

💻 **程序运行结果**（图 5-13）

图 5-13　C++ 05-13.CPP 运行结果

☏ **知识要点分析**

● 计算最大值,可以给 max 赋最大值。

● 计算最小值,可以给 min 赋最小值。

5.4 本章课外实验

1. 通过自定义函数,输出 10 ～ 20 之间的所有素数,保存程序文件名为 C++ 05-KS01.CPP,最终效果如图 5-14 所示。

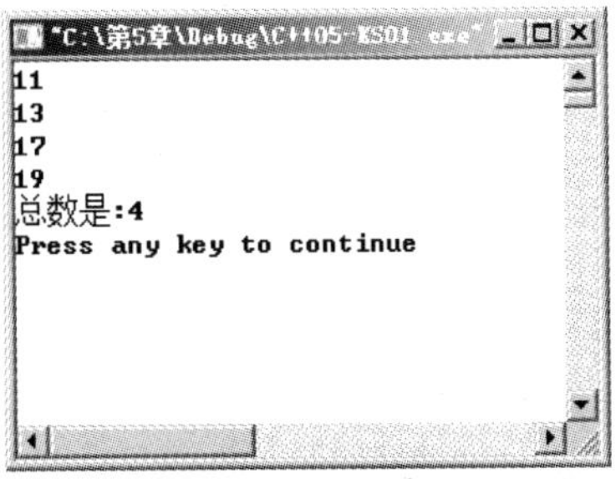

图 5-14 C++ 05-KS01.CPP 运行结果

2. 输出 fibonacci 数列的前 40 项:1,1,2,3,5,…,要求每行输出 4 列,保存程序文件名为 C++ 05-KS02.CPP,最终效果如图 5-15 所示。

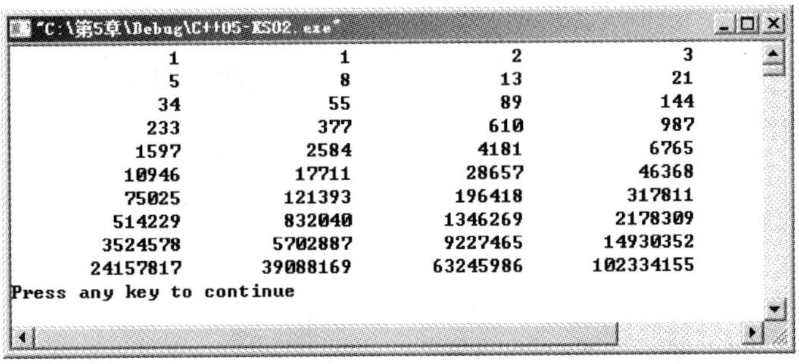

图 5-15 C++ 05-KS02.CPP 运行结果

3. 输出九九乘法表,保存程序文件名为 C++ 05-KS03.CPP,最终效果如图 5-16 所示。

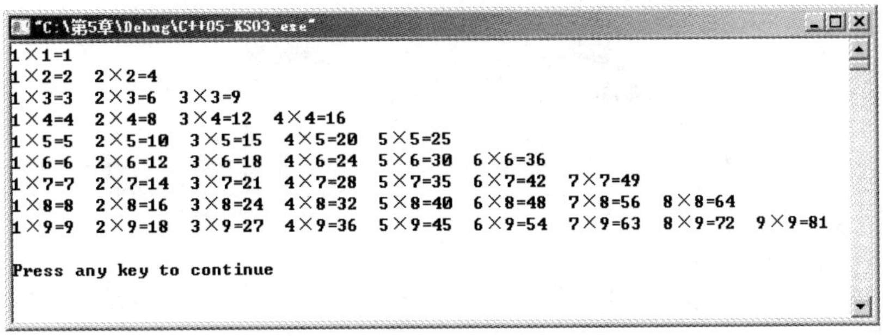

图 5-16 C++ 05-KS03.CPP 运行结果

4. 计算 $S = 1 + 1/3 + 1/5 + \cdots + 1/(2n-1)$，n 由键盘输入，保存程序文件名为 C++ 05-KS04.CPP，最终效果如图 5-17 所示。

5. 输出三位数的水仙花数，水仙花数是一个各位数的立方和等于该数的数，保存程序文件名为 C++ 05-KS05.CPP，最终效果如图 5-18 所示。

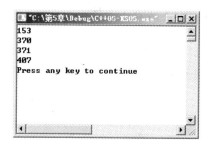

图 5-17　C++ 05-KS04.CPP 运行结果　　　图 5-18　C++ 05-KS05.CPP 运行结果

6. 猴子吃桃问题（猴子第一天摘下若干桃子，当即吃掉一半，又多吃一个。第二天早上又将剩下的桃子吃掉一半，又多吃一个。以后每天早上吃前一天剩下的一半加一个。到第 10 天早上猴子想再吃时发现，只剩下一个桃子了。问第一天猴子共摘多少个桃子？），保存程序文件名为 C++ 05-KS06.CPP，最终效果如图 5-19 所示。

7. 百钱百鸡问题（公鸡 5 块一只，母鸡 3 块一只，小鸡 3 只一块，100 块买了 100 只鸡，问公鸡、母鸡和小鸡各多少只？），保存程序文件名为 C++ 05-KS07.CPP，最终效果如图 5-20 所示。

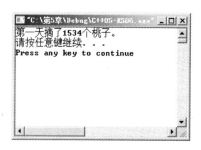

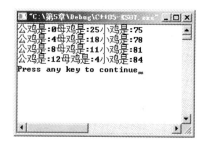

图 5-19　C++ 05-KS06.CPP 运行结果　　　图 5-20　C++ 05-KS07.CPP 运行结果

8. 鸡兔同笼问题（鸡兔同笼，头共 46，足共 128，鸡兔各几只？），保存程序文件名为 C++ 05-KS08.CPP，最终效果如图 5-21 所示。

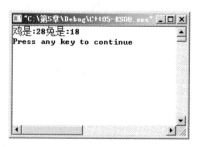

图 5-21　C++ 05-KS08.CPP 运行结果

循环结构

9. 求 $100\sim1000$ 之间有多少个回文数,回文数是指正着读数据与倒着读数据是相同的数据,保存程序文件名为 C++ 05-KS09.CPP,最终效果如图 5-22 所示。

图 5-22　C++ 05-KS09.CPP 运行结果

10. 同构数(求 $1\sim100$ 的同构数,所谓同构数就是一个数的平方,出现在它的平方数的右端。如 5 的平方是 25,5 在 25 的右端,5 就是同构数,25 的平方是 625,25 在 625 的右端,25 也是同构数),保存程序文件名为 C++ 05-KS10.CPP,最终效果如图 5-23 所示。

11. 最大公约数和最小公倍数(输入两个数求其最大公约数和最小公倍数。注:最小公倍数是两个数的乘积除最大公约数),保存程序文件名为 C++ 05-KS11.CPP,最终效果如图 5-24 所示。

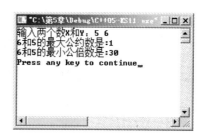

图 5-23　C++ 05-KS10.CPP 运行结果　　　　图 5-24　C++ 05-KS11.CPP 运行结果

第6章 一维数组与指针

本章说明：

在 C++ 中处理大量相同类型的数据可以通过数组完成，在这一章我们引入一维数组与一维数组的指针，让读者编写程序更加方便快捷。

本章主要内容：

➢ 一维数组
➢ 指针变量
➢ 一维数组与指针

📖 **本章拟解决的问题：**

1. 如何定义一维数组？
2. 如何对一维数组进行初始化？
3. 如何定义指针变量？
4. 指针变量与一维数组有什么样的关系？
5. 如何表示一维数组的首地址？
6. 如何表示一维数组的下一个地址？

6.1 一维数组

在 C++ 程序设计中，为了方便程序的编写，会把具有相同类型的数据按照有序的形式组织起来，这些按照一定顺序排列起来的具有相同类型的数据元素集合统称为数组。

6.1.1 一维数组的定义

所谓一维数组就是一组相同类型数据的集合。在 C++ 中使用数组前必须要先对数组进行定义，具体格式为：

数组类型名　数组名[数组长度]

例如：

int a[10]

int 是数组类型名，a 为数组名，10 为数组的长度。

说明：

● 数组的类型与实际数组元素的取值类型一致。

- 数组的命名与变量的命名规则是一致的。
- 数组长度是数组中元素的个数。
- 数组的下标用方括号引用,不能用圆括号。
- 数组的下标引用从 0 开始,a[10] 的最后一个下标是 9。
- 定义的常量下标不能使用。
- 不能做动态的数组定义。

6.1.2 一维数组的初始化

一维数组下标的引用可以用以下原则来进行:

(1) 数组下标只能逐个引用,不能一次引用整个数组。

(2) 在定义数组时,可以对数组元素赋以初值。

例如:

int a[10] = {0,1,2,3,4,5,6,7,8,9};

(3) 对部分元素赋值,下面表示只对前 5 个元素赋初值,后 5 个元素值为 0。

例如:

int a[10] = {0,1,2,3,4};

(4) 数组的全部元素为 0 可以使用下面的格式。

例如:

int a[10] = {0,0,0,0,0,0,0,0,0,0};

(5) 数组长度不指明,系统会根据初值的个数定义数组长度,下面的数组下标为 5。

int a[ ] = {0,1,2,3,4}

6.1.3 一维数组下标的引用

如果一维数组 a 有 n 个元素,下标引用是:a[0],a[1],a[2],…,a[n−1],当定义了一个一维数组后,系统为它分配一块连续的存储空间,该空间的大小为 n * sizeof(数据类型),如果是短整型数据,数组中有 10 个数据,占用的内存总字节数为 20。

6.2 指针变量

6.2.1 指针的含义

一个变量的地址称为该变量的指针,一个变量用来存放一个变量地址称为指针变量,实际上指针变量就是一个变量的地址。在计算机中存储数据是按地址进行的,每个变量进行声明后,计算机就会分配相应的存储单元给这个变量,每个存储单元都有唯一的编号,称为地址。例如:short int 为 2 个字节、char 为 1 个字节、float 为 4 个字节、double 为 8 个字节等。如果用学生宿舍来理解,一个宿舍就是 1 个字节,一个宿舍有 8 张床,就是 8

个二进制位。存放一个短整型数据就需要 2 个宿舍 16 张床,以此类推,一个双精度数据就要占用 8 个宿舍,64 张床。因此在定义数据时要根据实际情况定义合适的数据类型,少占用内存空间,提高计算机的执行效率。

6.2.2 指针变量的定义

1. 变量的存取方式

变量的存取方式分为以下两种:
(1) 直接访问,通过变量直接访问。
(2) 间接访问,把变量的地址赋给指针变量,利用指针变量进行访问。

2. 指针变量的定义

类型标识符 ＊ 变量

说明:

- 指针是一个变量,在程序中使用时,必须先声明,后使用。
- 在指针变量名前的符号"＊"表示指向运算,声明时表示指针变量,在程序中使用的时候表示该地址内的数据。
- 一个指针变量只能指向同一个类型的变量,不能同时指向多个类型变量。

3. 指针运算符

(1) & 地址运算符,取一个变量的地址。
(2) ＊ 指针运算符,用来定义指针变量或取地址内的数据。
例如:

```
int ＊ p, a = 9;            // ＊ p 是定义的指针变量
p = & a;                   //p 取变量 a 的地址
cout << p << endl;         //输出变量 a 的地址,即数据 9 的地址编号
cout << ＊ p << endl;      //输出地址中的数据,结果就是 9
```

6.3 一维数组与指针变量

利用指针变量控制一维数组,可以按下面的要求实现:

- 一维数组的指针是指一维数组的起始地址,也称首地址。
- 数组元素的指针是数组元素的地址。
- 指向数组的指针只需要指向数组的首地址。

例如:

short int k[10] = {10, 20, 30, 40, 50, 60, 70, 80, 90, 100}, ＊ p;

6.3.1 首地址的确定

下面章节内容都以 K 数组为例,P 为指针变量,i 为数组下标。

一维数组的首地址可以用数组名,也可以用 0 下标的地址,具体格式为:

P = K

P = &K[0]

知道首地址,下一个地址在首地址的基础上向右移动。如果用 9 下标作为首地址也可以,下一个地址就是从首地址开始向左移动。

P = &K[9]

6.3.2 首地址的下一个地址的表示方法

(1) 数组名或 0 下标作为首地址的下一个地址的表示方法。

- 指针变量:p++
- 指针变量与下标:p+i
- 指针变量与下标:p[i]
- 数组名与下标:k+i

其中 i 代表的是下标,也是到首地址的距离。

(2) 数组的最后一个下标作为首地址。

- 指针变量:p--
- 指针变量与下标:p-(9-i)
- 指针变量与下标:p[i]
- 数组名与下标:(k+9)-(9-i)

6.4 本章教学案例

6.4.1 用数组中的 10 个数求和

📖 **案例描述**

求数组中 10 个数的和,保存程序文件名为 C++ 06-01. CPP。

✍ **案例实现**

```cpp
#include<iostream>
using namespace std;
void main()
{
    int k[10] = {10,5,1,3,2,4,6,9,7,8};
    int i,s = 0;
    for(i = 0;i < 10;i++)
    {
        s += k[i];
    }
    cout <<"数组中 10 个数的和 s = "<< s << endl;
}
```

🖥 程序运行结果(图6-1)

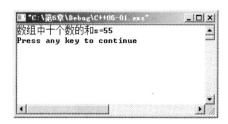

图6-1   C++ 06-01.CPP 运行结果

☎ 知识要点分析

- int k[10] = {10,5,1,3,2,4,6,9,7,8}定义数组并赋初始值。
- for(i = 0;i < 10;i + +)是循环数组的 10 个下标。
- s + = k[i]是把数组中的 10 个数相加。

6.4.2 fibonacci 数列

📖 案例描述

用一维数组求 fibonacci 数列的前 20 项并输出,每行输出 4 个数,保存程序文件名为 C++ 06-02.CPP。

✍ 案例实现

```cpp
# include < iostream >
# include < iomanip >
using namespace std;
void main()
{
    long int f[20],i;
    f[0] = 1;
    f[1] = 1;
    for(i = 2;i < 20;i + + )
        f[i] = f[i−1]+f[i−2];
    for(i = 0;i < 20;i + + )
    {
        cout << setw(15)<< f[i];
        if(i%4 = = 3) cout << endl;
    }
}
```

🖥 程序运行结果(图6-2)

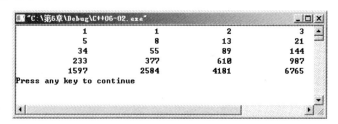

图6-2   C++ 06-02.CPP 运行结果

☎ 知识要点分析

- fibonacci 数列的第 1 项是 1，第 2 项也是 1，从第 3 项开始，后一项是前两项的和，表示的方法是 f[i] = f[i−1]+f[i−2]；。
- setw(15)设置数据输出宽度。
- if(i%4 == 3)是控制每行输出 4 个。

6.4.3 数组排序

📖 案例描述

从键盘输入 10 个数，用选择法按从小到大的顺序进行排序，运行程序时输入 10、9、8、7、5、6、3、4、1、2 进行程序调试，保存程序文件名为 C++ 06-03.CPP。

✎ 案例实现

```cpp
#include <iostream>
#include <iomanip>
using namespace std;
void main()
{
    int a[10],zj,i,j;
    for(i = 0;i < 10;i++)
    {
        cout <<"请输入第"<< i+1 <<"个数：";
        cin >> a[i];
    }
    for(i = 0;i < 9;i++)
        for(j = i+1;j < 10;j++)
            if(a[i]> a[j])
            {
                zj = a[i];
                a[i] = a[j];
                a[j] = zj;
            }
    for(i = 0;i < 10;i++)
        cout << setw(5)<< a[i];
    cout << endl;
}
```

🖥 程序运行结果（图 6-3）

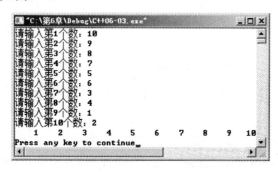

图 6-3   C++ 06-03.CPP 运行结果

☎ **知识要点分析**

● 先输入 10 个数。

● i 从第 1 个数开始与后面的数进行比较,所以出来的数到 9。

● 后面的数从 i+1 开始,到第 10 个数。

6.4.4 用数组进行学生成绩统计

📖 **案例描述**

有 9 个人的成绩,存在数组 cj 中,求出低于平均分的人数和具体的分数 cj[9]={10,20,30,40,50,60,70,80,90},保存程序文件名为 C++ 06-04.CPP。

✍ **案例实现**

```
# include < iostream >
# include < iomanip >
using namespace std;
void main()
{
    static int cj[9] = {10,20,30,40,50,60,70,80,90};
    int sum = 0,i,cnt = 0;
    float pj;
    for(i = 0;i <= 8;i ++)
        sum = sum+cj[i];
    pj = sum/9.;
    for(i = 0;i < 9;i ++)
        if(cj[i] < pj)
        {
            cnt ++;
            cout << cj[i] << setw(5);

        }
        cout << endl <<"cnt = "<< cnt << endl;
}
```

🖥 **程序运行结果(图 6-4)**

图 6-4　C++ 06-04.CPP 运行结果

☎ **知识要点分析**

● 本案例首先求出 10 个人的总分,然后求出平均分。

● 第二次循环的时候把低于平均分的学生成绩输出,并用 cnt 进行计算。

6.4.5 用数组存储数据

📖 **案例描述**

把 1~100 内被 3 或 7 同时整除的数存入数组 a,并求出这些数及个数,保存程序文件名为 C++ 06-05.CPP。

✍ **案例实现**

```cpp
#include<iostream>
#include<iomanip>
using namespace std;
void main()
{
    int i,cnt=0,a[100];
    for(i=1;i<=100;i++)
        if(i%3==0&&i%7==0)
        {
            a[cnt]=i;
            cnt++;
        }
    for(i=0;i<cnt;i++)
    {
        cout<<a[i]<<setw(5);
    }
    cout<<endl<<"cnt="<<cnt<<endl;
}
```

🖥 **程序运行结果**(图 6-5)

图 6-5   C++ 06-05.CPP 运行结果

☏ **知识要点分析**

本案例遍历了 1~100 的所有数据,把被 3 和 7 同时整除的数存入 a 数组,同时用 cnt 计算个数。

6.4.6 通过指针变量分析一维数组

📖 **案例描述**

用指针变量输出数组地址及地址内的数据,保存程序文件名为 C++ 06-06.CPP。

✍ **案例实现**

```cpp
#include<iostream>
#include<iomanip>
```

```
using namespace std;
void main()
{
    short int k[10] = {10,20,30,40,50,60,70,80,90,100};
    short int * p;
    int i;
    //p = &k[0];
    p = k;
    for(i = 0;i < 10;i++)
    {
        //cout <<"k["<< i <<"] = "<< p ++ << endl;
        //printf("k[%d] = %d\n",i, p ++);
        //printf("k[%d] = %d\n",i, * p ++);
        //printf("k[%d] = %d\n",i, * (p+i));
        printf("k[%d] = %d\n",i, * (k+i));
    }
}
```

💻 程序运行结果

cout <<"k["<< i <<"] = "<< p ++ << endl 运行结果是用十六进制表示的地址编号,从编号中可以看出地址编号相差为 2,因为一个短整型数据要占用两个字节,如图 6-6 所示。

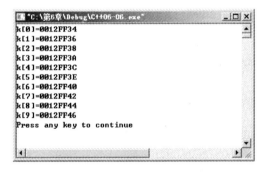

图 6-6　C++ 06-06.CPP 运行结果 1

printf("k[%d] = %d\n",i, p ++);运行结果是用十进制表示的地址编号,地址编号相差仍为 2,其中 1244980 是 10 的地址,短整型要占用两个地址,因此 1244981 也是 10 所占用,因此 1244982 和 1244983 是 20 的地址,显示结果是短整型中每个数据占用的两个地址中显示了第 1 个地址,如图 6-7 所示。

图 6-7　C++ 06-06.CPP 运行结果 2

一维数组与指针

```
printf("k[%d] = %d\n",i, * p++);
printf("k[%d] = %d\n",i, * (p+i));
printf("k[%d] = %d\n",i, * (k+i));
```

这三行程序运行的结果一样,是输出地址内的数据,如图 6-8 所示,表示的方法可以用这三种方法中的任意一种,但不能使用 k++。

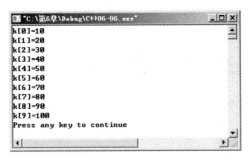

图 6-8　C++ 06-06. CPP 运行结果 3

☎ **知识要点分析**

- p = &k[0]和 p = k 都是取一维数组的首地址。
- p++、p+i、k+i 表示的是下一个地址。

6.4.7　通过指针变量计算 10 个数的和

📖 **案例描述**

通过指针变量求数组中 10 个数的和,保存程序文件名为 C++ 06-07. CPP。

✎ **案例实现**

```
#include<iostream>
#include<iomanip>
using namespace std;
void main()
{
    short int a[10] = {1,2,3,4,5,6,7,8,9,10};
    short int * p;
    int i,sum = 0;
    p = &a[0];
    for(i = 0;i<10;i++)
        sum += * (p++);
    cout <<"sum = "<< sum << endl;
}
```

🖥 **程序运行结果**(图 6-9)

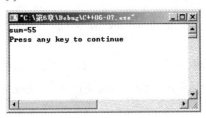

图 6-9　C++ 06-07. CPP 运行结果

☎ 知识要点分析

sum += *(p++);是把针针变量地址内的数据进行累加求和。

6.5 本章课外实验

1.把数组中的 10 个数逆序输出,保存程序文件名为 C++ 06-KS01.CPP,最终效果如图 6-10 所示。

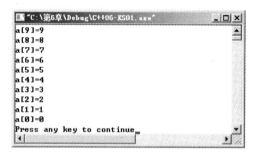

图 6-10 C++ 06-KS01.CPP 运行结果

2.从键盘输入 10 个数,用冒泡法进行排序,按从小到大的顺序输出,运行程序时输入 9、8、6、4、5、3、2、1、10、7 进行程序调试,保存程序文件名为 C++ 06-KS02.CPP,最终效果如图 6-11 所示。

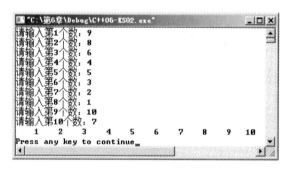

图 6-11 C++ 06-KS02.CPP 运行结果

3.通过指针变量把两个数互换,保存程序文件名为 C++ 06-KS03.CPP,最终效果如图 6-12 所示。

图 6-12 C++ 06-KS03.CPP 运行结果

一维数组与指针

4. 输入三个数,用指针变量按从小到大的顺序输出,运行程序时输入 8、5、3 进行程序调试,保存程序文件名为 C++ 06-KS04.CPP,最终效果如图 6-13 所示。

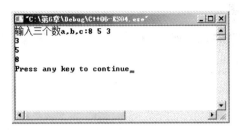

图 6-13　C++ 06-KS04.CPP 运行结果

5. 用指针变量输出数组中 10 个数的地址及地址内的数据,要求把最后一个数的地址赋给指针变量,然后按顺序输出地址及地址内的数据,保存程序文件名为 C++ 06-KS05.CPP,最终效果如图 6-14～图 6-16 所示。

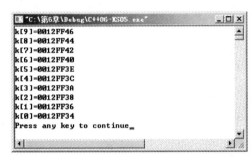

图 6-14　C++ 06-KS05.CPP 运行结果 1

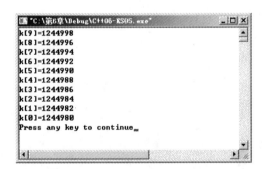

图 6-15　C++ 06-KS05.CPP 运行结果 2

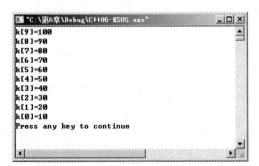

图 6-16　C++ 06-KS05.CPP 运行结果 3

效果图有 3 个,思考如何才能得到这三个输出结果。

6. 用指针变量求数组中 10 个数的最大数和最小数,保存程序文件名为 C++ 06-KS06.CPP,最终效果如图 6-17 所示。

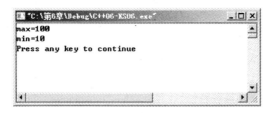

图 6-17   C++ 06-KS06.CPP 运行结果

第7章 二维数组与指针

本章说明：

在 C++ 中，除了一维数组还有二维数组与多维数组，本章着重研究二维数组与指向二维数组的指针。

本章主要内容：

➢ 二维数组
➢ 指向二维数组的指针

📖 **本章拟解决的问题：**

1. 如何定义二维数组与指针？
2. 如何引用二维数组中的元素？
3. 二维数组在内存中的存放方式是怎样的？
4. 如何在二维数组中用指针变量作为函数参数？

7.1 二维数组

7.1.1 二维数组的定义

二维数组是由行和列组成的，二维数组的具体格式为：

类型名 数组名[行宽度][列宽度]

说明：

● 行宽度与列宽度使用前必须定义，编译时不可再改。
● 行下标与列下标最小值为 0，最大值为行宽度−1 或列宽度−1。
● 二维数组可以按行赋值，也可以按数组的个数赋值。

7.1.2 二维数组的初始化

二维数组初始化指的是在类型说明时给下标变量赋予初值，二维数组可按行分段赋值，也可以按行连续赋值。

可以用如下方法对二维数组进行初始化：

(1) 按行赋初值。即将数据直接赋值给元素。如：

int a[2][3] = {{1,2,3},{4,5,6}};

（2）顺序赋值。即将数据直接按存放顺序赋给元素。如：

int a[2][3] = {1,2,3,4,5,6};

（3）数组没有初始化系统自动默认为 0。

int a[3][3] = {{0},{0,1},{2}}

则表示为

a[0]:0,0,0 a[1]:0,1,0 a[2]:2,0,0

（4）对全部数组赋初值，第一维的长度可以省略，第二维的长度不能省略。

int a[ ][4] = {{0},{},{1}};

7.1.3 二维数组下标的引用

如果二维数组 a 是 m 行 n 列，每个下标的引用如下：

$$a[0][0] \quad a[0][1] \quad \cdots \quad a[0][n-1]$$
$$a[1][0] \quad a[1][1] \quad \cdots \quad a[1][n-1]$$
$$\vdots \qquad\qquad \vdots \qquad \vdots \qquad\qquad \vdots$$
$$a[m-1][0] \quad a[m-1][1] \quad \cdots \quad a[m-1][n-1]$$

行从 0 开始到 m－1，列从 0 开始到 n－1。

7.2 二维数组的指针

例如定义二维数组 int a[3][4] = {{1,2,3,4},{5,6,7,8},{9,10,11,12}};和二维数组的指针变量 int * p;用 i 表示行，取值是 0,1,2,用 j 表示列，取值是 0,1,2,3。

（1）所有数的首地址：

格式：

p = &a[0][0]

p = &a[0][0]表示是数据 1 的地址，也是这 12 个数的首地址。用 p++ 可以表示这 12 个数的下一个地址。

（2）每行的首地址：

格式：

p = a[i]

或者

p = &a[i][0]

p = a[i]或者 p = &a[i][0]表示的是每行的首地址，因为是 3 行，所以有 3 个首地址。可以用 p++ 表示下一个地址，还可以用 p＋j 表示下一个地址，还可以用 a[i]＋j 表示下一个地址。

注意：不能用 p = a 给指针变量赋值，这种表示是错误的。

7.3 本章教学案例

7.3.1 二维数组的输出

📖 **案例描述**

一个 a[5][5] 的数组,用 5 行 5 列的格式输出,保存程序文件名为 C++ 07-01.CPP。

✍ **案例实现**

```
# include < iostream >
# include < iomanip >
using namespace std;
void main()
{
int a[5][5] = {{1,2,3,4,5},{6,7,8,9,10},{11,12,13,14,15},{16,17,18,19,20},{21,22,23,
24,25}};
    int i,j;
    for (i = 0;i < 5;i + + )
    {
        for (j = 0;j < 5;j + + )
        {
        cout <<"a["<< i <<"]"<<"["<< j <<"] = "<< setw(2)<< a[i][j]<<" ";
        }
        cout << endl;
    }
}
```

🖥 **程序运行结果(图 7-1)**

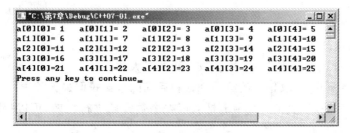

图 7-1   C++ 07-01.CPP 运行结果

☎ **知识要点分析**

● 二维数组用双循环进行输出。

● i 循环行,j 循环列。

7.3.2 二维数组每行最大数

📖 **案例描述**

一个 a[5][5] 的数组,求每行的最大数,保存程序文件名为 C++ 07-02.CPP。

✍ **案例实现**

```
# include < iostream >
using namespace std;
void main()
{
int a[5][5] = {{1,2,3,4,5},{6,7,8,9,10},{11,12,13,14,15},{16,17,18,19,20},{21,22,23,
24,25}};
    int max[5],i,j;
    for (i=0;i<5;i++)
    {
        max[i] = a[i][0];
        for (j=1;j<5;j++)
        {
            if(max[i]<a[i][j]) max[i] = a[i][j];
        }
        cout <<"max["<< i <<"] = "<< max[i]<< endl;

    }
}
```

💻 **程序运行结果(图7-2)**

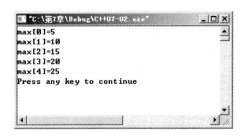

图7-2   C++ 07-02.CPP 运行结果

☎ **知识要点分析**

- int max[5]定义一维数组,准备取每行的最大数。
- max[i] = a[i][0]取每行的第一个数和后面的数比较取最大数。
- for (j=1;j<5;j++)中 j=1 是从第二个数开始进行比较,可以提高程序的运行效率。

7.3.3   将一维数组转换成二维数组

📖 **案例描述**

把一个 b[12]的一维数组各元素赋给 a[3][4]的二维数组,保存程序文件名为 C++ 07-03.CPP。

✍ **案例实现**

```
# include < iostream >
# include < iomanip >
using namespace std;
```

```
void main()
{
    int b[12] = {1,2,3,4,5,6,7,8,9,10,11,12};
    int i,j,k = 0,a[3][4];
    for (i = 0;i < 3;i++)
    {
        for (j = 0;j < 4;j++)
        {
            a[i][j] = b[k];
            k++;
            cout << setw(5)<< a[i][j];
        }
        cout << endl;
    }
}
```

📟 **程序运行结果**（图 7-3）

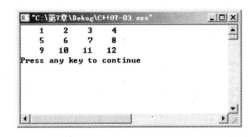

图 7-3　C++ 07-03.CPP 运行结果

☎ **知识要点分析**

一维数组转换成二维数组,按二维数组的行和列的顺序把数分配给相应的下标即可,其中 i 是循环行的,j 是循环列的,k 是循环 b 数组的下标的。

7.3.4　五行五列矩阵

📖 **案例描述**

矩阵是一个典型的二维数组,求主对角线、次对角线、周边元素的和,保存程序文件名为 C++ 07-04.CPP。

✍ **案例实现**

```
# include < iostream >
using namespace std;
void main()
{
    int k[5][5] = {{1,2,3,4,5},{6,7,8,9,10},{11,12,13,14,15},{16,17,18,19,20},{21,22,
23,24,25}};
    int i,j;
    int s1 = 0,s2 = 0,s3 = 0;
    for(i = 0;i < 5;i++)
    {
        for(j = 0;j < 5;j++)
```

```
        {
            if(i==j) s1 += k[i][j];
            if(i+j==4) s2 += k[i][j];
            if(i==0||i==4||j==0||j==4) s3 += k[i][j];
        }
    }
    cout <<"主对角线的和是: "<< s1 << endl;
    cout <<"次对角线的和是: "<< s2 << endl;
    cout <<"周边元素的和是: "<< s3 << endl;
}
```

🖥 **程序运行结果（图 7-4）**

图 7-4　C++ 07-04.CPP 运行结果

☎ **知识要点分析**

列 ＼ 行	0	1	2	3	4
0	1	2	3	4	5
1	6	7	8	9	10
2	11	12	13	14	15
3	16	17	18	19	20
4	21	22	23	24	25

- 主对角线是左上右下的元素,包括 1,7,13,19,25,行坐标与列坐标相等。
- 次对角线是右上左下的元素,包括 5,9,13,17,21,行坐标加上列坐标等于 4。
- 周边元素是指矩阵的四个边,行坐标为 0 和 4 的、列坐标为 0 和 4 的。

7.3.5　用二维数组指针输出地址及数据

📖 **案例描述**

用指针变量输出二维数组的每个元素的地址编号及该地址中的数据,保存程序文件名为 C++ 07-05. CPP。

✎ **案例实现**

```
#include<iostream>
#include<iomanip>
using namespace std;
void main()
{
```

```
int a[3][4] = {{1,2,3,4},{5,6,7,8},{9,10,11,12}};
int i,j, * p;
for (i = 0;i < 3;i ++ )
{
    p = a[i];              //取每行的首地址
    //p = &a[i][0];  //取每行的首地址
    for (j = 0;j < 4;j ++ )
    {
        //cout <<"a["<< i <<"]["<< j <<"] = "<< p ++ <<" ";
        //printf("a[%d][%d] = %d ",i,j,p ++ );
        //printf("a[%d][%d] = %d ",i,j, * p ++ );
        //printf("a[%d][%d] = %d ",i,j, * (p+j));
        printf("a[%d][%d] = %d ",i,j, * (a[i]+j));
    }
    cout << endl;
}
}
```

🖥 **程序运行结果:**

cout <<"a["<< i <<"]["<< j <<"] = "<< p ++ <<"   "输出十六进制地址,如图 7-5 所示。

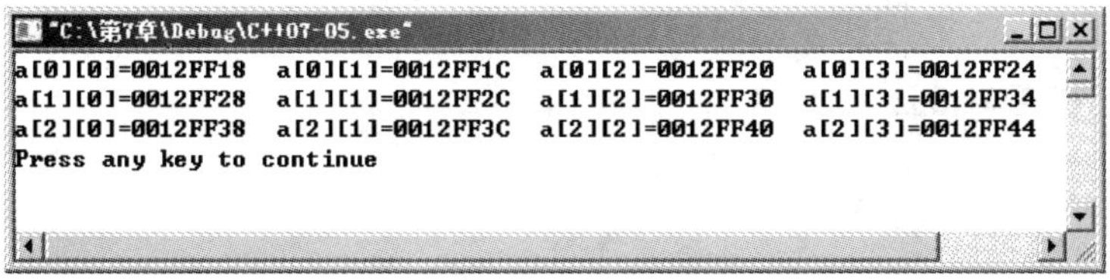

图 7-5   C++ 07-05.CPP 运行结果 1

printf("a[%d][%d] = %d   ",i,j,p ++);输出十进制地址,如图 7-6 所示。

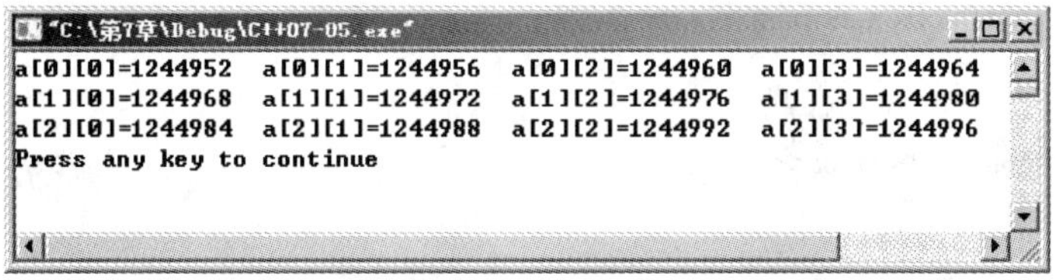

图 7-6   C++ 07-05.CPP 运行结果 2

```
printf("a[%d][%d] = %d    ",i,j, * p ++ );
printf("a[%d][%d] = %d    ",i,j, * (p+j));
printf("a[%d][%d] = %d    ",i,j, * (a[i]+j));
```

这三行输出结果一样,表示地址内的数据,如图 7-7 所示。

☎ **知识要点分析**

● 因为定义的是 int 型,数据在内存空间占用 4 个字节,因此地址编号间相差 4。

● 每行的首地址确定后,下一个地址的表示方法有三种:p ++ ,p+j,a[i]+j。如果在这三个地址的前面加上 * 号就表示地址内的数据。

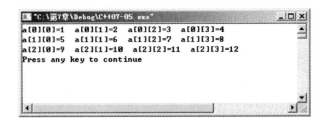

图 7-7   C++ 07-05.CPP 运行结果 3

7.3.6   用指针变量求二维数组中的最大数

📖 **案例描述**

通过指针变量求 a[3][4]二维数组中最大的数,保存程序文件名为 C++ 07-06.CPP。

✎ **案例实现**

```cpp
#include<iostream>
#include<iomanip>
using namespace std;
void main()
{
    int a[3][4] = {{1,2,3,4},{5,6,7,8},{9,10,11,12}};
    int i,j,max, * p;
    //p = a[0];
    p = &a[0][0];
    max = * p;
    for (i = 0;i < 3;i++)
        for (j = 0;j < 4;j++)
        {
            if(max < * p) max = * p;
            p++;
        }
    cout <<"max = "<< max << endl;
}
```

💻 **程序运行结果**(图 7-8)

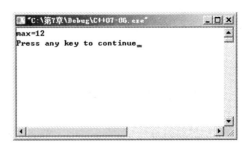

图 7-8   C++ 07-06.CPP 运行结果

☎ **知识要点分析**

● p = a[0];或 p = &a[0][0];是取这 12 个数的首地址。

- max = * p;是取第 1 个数。
- if(max < * p) max = * p;是判断 max 与 P 地址中的数据。
- p ++ ;是指向下一个数的地址。

7.3.7 用指针变量求二维数组中每行的和

📖 **案例描述**

通过指针变量求 a[3][4]二维数组中每行的和,并存入 b 数组,保存程序文件名为 C++ 07-07.CPP。

✍ **案例实现**

```cpp
#include<iostream>
#include<iomanip>
using namespace std;
void main()
{
    int a[3][4] = {{1,2,3,4},{5,6,7,8},{9,10,11,12}};
    int i,j, * p[3],b[3];
    for (i = 0;i < 3;i ++ )
    {
        p[i] = a[i];
        b[i] = 0;
        for (j = 0;j < 4;j ++ )
        {
            //b[i] += * (p[i] ++ );
            //b[i] += * (p[i] +j);
            b[i] += * (a[i] +j);
        }
    }
    for(i = 0;i < 3;i ++ )
    {
        cout <<"b["<< i <<"] = "<< b[i]<< endl;
    }
}
```

🖥 **程序运行结果(图 7-9)**

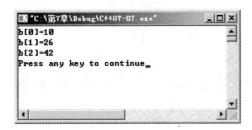

图 7-9　C++ 07-07.CPP 运行结果

91

☎ **知识要点分析**

- ＊p[3]定义指针变量数组。
- b[3]用来存放每行的和,总计是 3 行。
- p[i]＝a[i]取每行的首地址。
- b[i]＝0 求和的初始值为 0。
- b[i]＋＝＊(p[i]＋＋)、b[i]＋＝＊(p[i]＋j)、b[i]＋＝＊(a[i]＋j)三行的作用相同, 是把每行的数求和。

7.4 本章课外实验

1. 一个 a[5][5]的数组,求每行的和,保存程序文件名为 C++ 07-KS01.CPP,最终效果如图 7-10 所示。

2. 一个 a[5][5]的数组,求每行的平均值,保存程序文件名为 C++ 07-KS02.CPP,最终效果如图 7-11 所示。

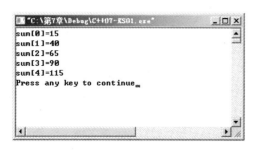

图 7-10 C++ 07-KS01.CPP 运行结果

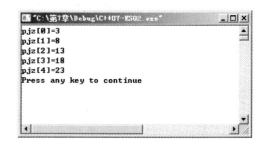

图 7-11 C++ 07-KS02.CPP 运行结果

3. 把一个二行三列的数组行列互换,存到另一个二维数组中,保存程序文件名为 C++ 07-KS03.CPP,最终效果如图 7-12 所示。

4. 一个 a[3][4]数组,把各个下标的值分别赋给一维数组 b,然后用三行四列的格式输出,保存程序文件名为 C++ 07-KS04.CPP,最终效果如图 7-13 所示。

图 7-12 C++ 07-KS03.CPP 运行结果

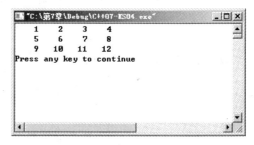

图 7-13 C++ 07-KS04.CPP 运行结果

第8章 字符数组与指针

本章说明：

在数组中存放着一个比较特殊的数组也就是字符数组，本章着重研究字符数组的定义、初始化，string 类型以及指向字符数组的指针。

本章主要内容：

> 字符串数组
> 字符串的 string 类型
> 字符串常用函数
> 字符串指针变量

📖**本章拟解决的问题：**

1. 如何定义字符串数组？
2. 如何对字符串数组进行初始化？
3. 如何引用字符串数组各个下标？
4. 字符串数组的 string 类型如何使用？
5. 如何使用字符串指针变量？

8.1 字符串数组

8.1.1 字符串一维数组

在数组中比较特殊的一个数组是在数组中存放着一个字符，也就是存放字符型数据的一维数组。

字符数组定义格式为：

char 数组名称[长度]

如 char a[5] = { 'a' , 'b' , 'c' , 'd' , 'e' } 则表示 a[0] = 'a' a[1] = 'b' a[2] = 'c' a[3] = 'd' a[4] = 'e' ，在字符数组 char a[5]中的"abcde"则为字符串，可以用 char a[5] = "abcdef"定义。字符串是由双引号括起来的字符常量。需要注意的是''与 " "的区别在于，" "是字符串常量，用于字符串数组，而" "为字符常量，用于赋给字符型变量。

8.1.2 字符串一维数组下标的引用

字符数组的下标引用,可以按下面的原则来进行:

- 可以逐个字符赋给数组中的各元素,也可以一次输入整个字符串。
- 如果数组长度大于字符串的实际长度,遇到\0结束,而且是第一个\0。
- 字符数组长度不指明时,系统会根据初值的个数定义数组。
  char c[ ] = "abcdef",该数组的下标为6。

8.1.3 字符串二维数组

字符串二维数组就是存放多行多列的字符串使用的数组,具体格式为:

char 数组名称[行长度][列长度]

如:char a[3][100] = {"china","command"," i love the motherland"}表示3行英文,每行最多100个英文字符,其实际长度取决于字符串的实际个数。

说明:

- 一个字符串的长度等于双引号内所有字符的长度之和,其中每个 ASCII 码字符的长度为1,每个区位码字符(如汉字)的长度为2。
- 当一个字符串不含有任何字符时,则称为空串,其长度为0。
- 当只含有一个字符时,其长度为1。
- 在一个字符串中可以使用转义字符。

8.1.4 字符串数组的输入与输出

字符串的输入与输出可以通过字符串的首地址来实现。如表 8-1 所示。

表 8-1　字符串的输入与输出

输　　入	类　　型	说　　明
cin >>首地址	输入	遇到回车结束
cin. getline(首地址,字符数,结束符)	输入	遇到结束符结束
scanf("s％",首地址)	输入	遇到回车或空格输入结束
gets(地址)	输入	遇到回车结束
cout <<首地址	输出	输出字符串,遇到\0结束
printf("s％",首地址)	输出	输出字符串,遇到\0结束
puts(首地址)	输出	输出字符串,遇到\0结束

8.2 字符串的 string 类型

8.2.1 string 字符串变量

string 是 C++中的字符串类型,具体格式为:

94

string 字符串变量

string 类型进行字符串运算时,规则如表 8-2 所示。

表 8-2　string 类型字符串运算符

运　算　符	作　　用	举　　例
＋	进行两个字符串的连接	String1＋string2
＝	把一个字符串赋给另一个字符串	String1 = string2
比较运算符	进行两个字符串的比较	String1 > string2

8.2.2　string 字符串数组

string 不仅可以定义字符串变量,也可以定义字符串数组,具体格式为:

string 数组名[长度]

例如:

string str1[3] = ｛"china","command","i love the motherland"｝;

说明:

- str1 数组代表 3 行字符串,每一行都有自己的长度。
- str1 数组如果转换成 char 数组,需要使用二维数组来表示。

8.3　字符串常用函数

字符串进行处理时,经常用到下面的函数,如表 8-3 所示。

表 8-3　字符串常用函数

序　号	函　　数	含　　义
1	strcat(c1,c2)	将 c2 连接到 c1 的后面
2	strcpy(c1,c2)	将 c2 复制到 c1 中,c1 中如果有数据,将覆盖原有数据
3	strcmp(c1,c2)	比较两个字符串,如果相等为 0,如果 c1 > c2 为正数,否则为负数
4	strcmpi(c1,c2)	比较两个字符串,相等为 0,比较时不分大小写
5	strlen(c)	求字符串的长度
6	strlwr(c)	将字符串中大写字母转换成小写字母
7	strupr(c)	将字符串中小写字母转换成大写字母
8	strchr(c1,c2)	返回 c2 在 c1 中第一次出现的指针位置
9	strstr(c1,c2)	找 c2 在 c1 中第一次出现的指针位置

8.4　字符串指针变量

8.4.1　字符串指针变量的定义

字符串指针变量定义时,具体格式为:

char ＊指针变量|变量数组

定义完指针变量后可以取字符串的首地址,可以用下面的格式:

- 指针变量 ＝ ＆ 一维数组名[0]
- 指针变量 ＝ 一维数组名
- 指针变量 ＝ 二维数组名[行号]

说明:

- 可以通过指针变量对字符串直接进行赋值。
- 字符串的指针是指字符串的起始地址,也称首地址。
- 字符串元素的指针是字符数组元素的地址。
- 字符串一维数组名表示首地址。
- 字符串二维数组名[行号]表示首地址。

8.4.2 字符串指针下一个地址的表示方法

字符串指针下一个地址的表示方法有下面几种形式:

- 指针变量 ＋＋ 。
- 指针变量＋到首地址的距离。
- 数组名＋到首地址的距离。

8.5 本章教学案例

8.5.1 字符串大小写转换

📖 案例描述

输入一个大小写字母混合的字符串,然后进行大小写转换,保存程序文件名为 C++ 08-01. CPP。

✍ 案例实现

```
# include < iostream >
# include < string >
using namespace std;
void main()
{
    char zfc[1000];
    int i;
    / ＊第 1 种输入
    cout <<"请输入一个字符串:";
    cin >> zfc;
    ＊/
    / ＊第 2 种输入
    cout <<"请输入一个字符串:";
    cin. getline(zfc,1000, '\n');
    ＊/
```

```
/ * 第 3 种输入
printf("请输入一个字符串:");
scanf("%s",zfc);
* /
//第 4 种输入
printf("请输入一个字符串:");
gets(zfc);
for(i = 0;i < strlen(zfc);i + + )
    if (zfc[i]> = 65 && zfc[i]< = 90)   zfc[i] = zfc[i]+32;        //用 ASCII 值判断
    else if(zfc[i]> = 'a' && zfc[i]< = 'z') zfc[i] = zfc[i]−32;    //也可以用字符判断
    else ;
//cout <<"转换后的字符串是:"<< zfc << endl;
//printf("转换后的字符串是:%s\n",zfc);
printf("转换后的字符串是:");
puts(zfc);
puts("\n");
}
```

🖳 程序运行结果（图 8-1）

图 8-1   C++ 08-01.CPP 运行结果

☎ 知识要点分析

- 本案例是根据 8.1.4 节字符串数组的输入与输出的知识点编写的程序,通过它可以掌握每种输入和输出的方法,其中 zfc 表示的是字符串的首地址,输入输出字符串只需首地址即可。
- strlen(zfc)是求字符串的长度,长度不计\0。

8.5.2   字符分类统计

📖 案例描述

输入一个字符串统计其中英文字母、数字、空格和其他字符的个数,运行程序时输入"a 56 f"调试程序,保存程序文件名为 C++ 08-02.CPP。

✍ 案例实现

```
#include < iostream >
#include < string >
using namespace std;
void main()
{
    char c[100];
    int i,zm = 0,sz = 0,kg = 0,qt = 0;
```

```
        cout<<"请输入字符串:";
        gets(c);
        for (i = 0;i < strlen(c);i++)
            if (c[i]>= 65 && c[i]<= 90 || c[i]>= 97 && c[i]<= 122) zm++;
            else if (c[i]>= '0' && c[i]<= '9') sz++;
            else if (c[i]== 32) kg++;
            else qt++;
        cout<<"zm = "<< zm << endl <<"sz = "<< sz << endl <<"kg = "<< kg << endl <<"qt = "<< qt <<
endl;
}
```

🖥 程序运行结果(图 8-2)

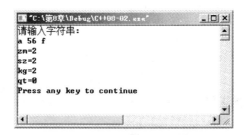

图 8-2　C++ 08-02.CPP 运行结果

☎ 知识要点分析

本案例利用 cout<<"请输入字符串:";和 gets(c);相结合输入字符串。

8.5.3　字符串空格删除

📖 案例描述

输入字符串"A　BC　　D　　EF　　G　　"删除空格后输出,保存程序文件名为 C++ 08-03.CPP。

✍ 案例实现

```
#include<iostream>
#include<string>
using namespace std;
void main()
{
static char zfc[] = "a b c d ef ";
int i,j;
for (i = 0;zfc[i]!= '\0';)
    {
    if (zfc[i]== 32)
        {
        for (j = i;j < strlen(zfc)-1;j++)
        zfc[j] = zfc[j+1];
        zfc[j] = '\0';
        }
    else
    i++;
```

```
    }
    cout <<"zfc = "<< zfc << endl;
}
```

🖳 **程序运行结果**（图 8-3）

图 8-3　C++ 08-03. CPP 运行结果

☎ **知识要点分析**

字符串结束的标志是\0,zfc[i]！ = '\0'作为循环条件,不用求字符串的长度,字符串中遇到空格就把后面的字符依次前移。

8.5.4　字符出现的次数

📖 **案例描述**

统计 A 在字符串"ABCDAEFGHKFADEF"中出现的次数,保存程序文件名为 C++ 08-04. CPP。

✍ **案例实现**

```cpp
# include < iostream >
# include < string >
using namespace std;
void main()
{
    static char zfc[ ] = "ABCDAEFGHKFADEF";
    int i, cnt = 0;
    for (i = 0; i < strlen(zfc); i ++ )
    if (zfc[i] == 'A') cnt ++ ;
    cout <<"cnt = "<< cnt << endl;
}
```

🖳 **程序运行结果**（图 8-4）

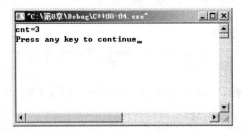

图 8-4　C++ 08-04. CPP 运行结果

☎ **知识要点分析**

zfc[ ]没有指明下标,字符个数就是该数组的下标。

8.5.5 字符串长度的计算

📖 **案例描述**

输入一个字符串,求这个字符串下标的各个数,运行程序时输入 abcdef 进行程序调试,保存程序文件名为 C++ 08-05. CPP。

✍ **案例实现**

```cpp
# include < iostream >
# include < string >
using namespace std;
void main()
{
    string zfc;                        //zfc = "abcdefgh";
    int i, cnt = 0;
    cout <<"请输入一个字符串";
    cin >> zfc;
    for(i = 0; ; i ++ )
    {
        if(zfc[i] ! = '\0') cnt ++ ;
        else break;
    }
    cout <<"字符串的长度是:"<< cnt << endl;
}
```

💻 **程序运行结果**(图 8-5)

图 8-5　C++ 08-05. CPP 运行结果

☎ **知识要点分析**

- string zfc 是定义 string 类型的变量,也可以在定义时赋初值 zfc = "abcdefgh"。
- 字符串的长度实际就是字符的个数,通过\0 可以计算出数组下标的个数。

8.5.6 字符串倒置

📖 **案例描述**

将 string 字符串倒置,保存程序文件名为 C++ 08-06. CPP。

✍ **案例实现**

```cpp
# include < iostream >
```

```
# include < string >
using namespace std;
void main()
{
    string zfc1 = "abcdef", zfc2;
    int i;
    for(i = zfc1. size()－1;i > = 0;i--)
        zfc2 = zfc2＋zfc1[i];
    cout << zfc1 << endl;
    cout << zfc2 << endl;
}
```

💻 **程序运行结果（图 8-6）**

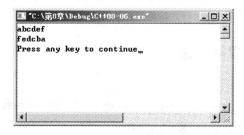

图 8-6　C++ 08-06.CPP 运行结果

☎ **知识要点分析**
- 字符串倒置就是将最后一个字符移动到最前后，以此类推。
- zfc1. size()是字符串的长度，长度和下标相差 1，因此最后一个下标是 zfc1. size()－1。
- string 类型在使用各个字符时，可以像一维数组一样来使用。

8.5.7　字符串连接

📖 **案例描述**

给定两个字符串数组 c1 和 c2，然后将 c2 字符连接到 c1 的后面，保存程序文件名为
C++ 08-07. CPP。

✍ **案例实现**

```
# include < iostream >
# include < string >
void main()
{
    static char c1[100] = "abcdef", c2[] = "1234567";
    int i,j;
    i = strlen(c1);
    for (j = 0;j < strlen(c2);j ++ )
    c1[i+j] = c2[j];
    puts(c1);
}
```

🖳 **程序运行结果（图 8-7）**

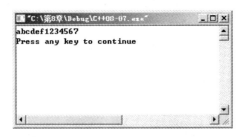

图 8-7　C++ 08-07.CPP 运行结果

☎ **知识要点分析**

首先计算出 c1 的长度，然后在长度位置开始把 c2 的字符依次放到 c1 的后面，包括\0 也存放过来，直接作为 c1 的结束符。

8.5.8　字符串指针地址

📖 **案例描述**

通过字符串数组将"abcdefghij"赋给指针变量，并输出每个字符的地址编号及该地址的字符，保存程序文件名为 C++ 08-08.CPP。

✍ **案例实现**

```cpp
#include <iostream>
#include <string>
using namespace std;
void main()
{
    char zfc[11] = "abcdefghij";
    int i;
    //p = zfc;
    p = &zfc[0];
    for(i = 0;i < 10;i++)
    {
        //cout <<"zfc["<< i <<"] = "<< &zfc[i]<< endl;
        //cout <<"zfc["<< i <<"] = "<< p++ << endl;
        //printf("zfc[%d] = %s\n",i,p++);
        //printf("zfc[%d] = %d\n",i,p++);
        printf("zfc[%d] = %c\n",i,*(p++));
    }
}
```

🖳 **程序运行结果**

```cpp
cout <<"zfc["<< i <<"] = "<< &zfc[i]<< endl;
cout <<"zfc["<< i <<"] = "<< p++ << endl;
printf("zfc[%d] = %s\n",i,p++);
```

三行程序运行的结果一样，因为给出首地址就会从首地址开始输出字符串，给出 1 下标的地址，就会从 1 下标开始输出字符串，以此类推，如图 8-8 所示。

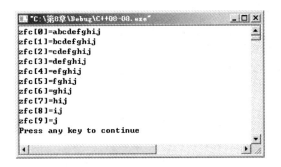

图 8-8　C++ 08-08.CPP 运行结果 1

printf("zfc[%d] = %d\n",i,p++);运行的结果是输出地址编号,因为字符型数据的字节数为 1,因此每个地址编号相差 1,如图 8-9 所示。

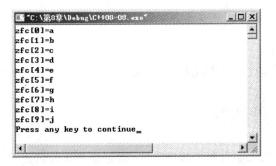

图 8-9　C++ 08-08.CPP 运行结果 2

printf("zfc[%d] = %c\n",i, *(p++));运行的结果是输出地址内的数据,如图 8-10 所示。

```
 "C:\第8章\Debug\C++08-08.exe"            _ □ ×
zfc[0]=a
zfc[1]=b
zfc[2]=c
zfc[3]=d
zfc[4]=e
zfc[5]=f
zfc[6]=g
zfc[7]=h
zfc[8]=i
zfc[9]=j
Press any key to continue_
```

图 8-10　C++ 08-08.CPP 运行结果 3

☎ **知识要点分析**

*p 在声明时,表示的是指针变量,在程序中使用时表示的是地址内的数据。

8.5.9　英文的输入与输出

📖 **案例描述**

输入三行英文,然后用指针变量将这三行英文输出,运行程序时输入 abc、def、ghi 进行程序调试,保存程序文件名为 C++ 08-09.CPP。

✍ **案例实现**

```cpp
#include <iostream>
#include <iomanip>
using namespace std;
void main()
{
    char a[3][100], * p;
    int i;
    for (i = 0;i < 3;i++)
    {
        cout << "请输入第" << i+1 << "行英文:";
        cin >> a[i];
    }
    for(i = 0;i < 3;i++)
    {
        p = a[i];
        cout << "a[" << i << "] = " << p << endl;
        //cout << "a[" << i << "] = " << a[i] << endl;
    }
}
```

🖥 **程序运行结果**（图 8-11）

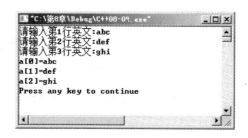

图 8-11 C++ 08-09.CPP 运行结果

☎ **知识要点分析**

p = a[i];是将每行的首地址赋给指针变量 p,输出每行也可以直接使用每行的首地址 a[i]。

8.6 本章课外实验

1. 将 26 个大写英文字母存入数组 k 中,保存程序文件名为 C++ 08-KS01.CPP,最终效果如图 8-12 所示。

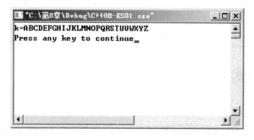

图 8-12 C++ 08-KS01.CPP 运行结果

2. 将两个字符串数组连接到一个新的字符串数组中,保存程序文件名为 C++ 08-KS02.CPP,最终效果如图 8-13 所示。

3. 将 c1、c2 两个字符串数组中相同的字母取出存入数组 c 中,运行程序时输入 abcdadef、a123b456c 进行程序调试,保存程序文件名为 C++ 08-KS03.CPP,最终效果如图 8-14 所示。

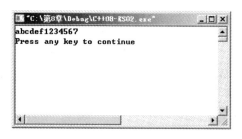

图 8-13 C++ 08-KS02.CPP 运行结果   图 8-14 C++ 08-KS03.CPP 运行结果

4. 把一个字符串中所有相同的字母删除,运行程序时输入 aabbccddef 进行程序调试,保存程序文件名为 C++ 08-KS04.CPP,最终效果如图 8-15 所示。

5. 通过自定义函数,利用数组传递求一个字符串中最大的字符,运行程序时输入 acdef 进行程序调试,保存程序文件名为 C++ 08-KS05.CPP,最终效果如图 8-16 所示。

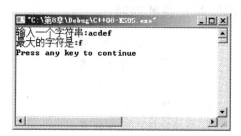

图 8-15 C++ 08-KS04.CPP 运行结果   图 8-16 C++ 08-KS05.CPP 运行结果

6. 求子串在第一个字符串中出现的次数,运行程序时输入 123456123456123456、123456 进行程序调试,保存程序文件名为 C++ 08-KS06.CPP,最终效果如图 8-17 所示。

7. 输入三个字符串,然后排序,运行程序时输入 34、56、12 进行程序调试,保存程序文件名为 C++ 08-KS07.CPP,最终效果如图 8-18 所示。

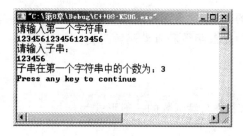

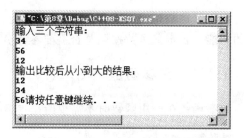

图 8-17 C++ 08-KS06.CPP 运行结果   图 8-18 C++ 08-KS07.CPP 运行结果

第9章 自定义函数与参数传递

本章说明：

模块化程序设计在 C++ 中是通过自定义函数体现出来的。可以把一些独立功能的程序通过创建自定义函数来完成,本章主要是让学生掌握自定义函数的使用和参数的传递。

本章主要内容：

➢ 自定义函数
➢ 函数调用
➢ 参数传递
➢ 函数模板
➢ 函数递归

📖 **本章拟解决的问题：**

1. 自定义函数分为哪几类?
2. 什么是形参? 什么是实参?
3. 函数如何调用?
4. 参数如何传递?
5. 按地址传递与按值传递有什么区别?
6. 什么是按引用传递?
7. 如何使用函数模板?
8. 怎样进行递归函数的调用?

9.1 自定义函数

自定义函数是按照用户自己的需要定义的函数,这个函数定义成功后,要完成某一特定的功能。自定义函数按照是否需要参数分为无参函数和有参函数两类。

9.1.1 无参函数

无参函数在调用函数时不需要给出参数,定义无参函数的一般形式为:

类型名 函数名()
{
        函数体
}

自定义函数与参数传递

9.1.2　有参函数

有参函数在调用函数时,需要给出参数。定义有参函数的一般形式为:

类型名　函数名(形参 1,形参 2,形参 3,…)
{
**　　　　函数体**
}

在调用函数时,多数情况下,函数都是带参数的。函数的参数分为两种:形式参数(形参)和实际参数(实参)。

说明:

- 实参是在调用一个函数时,函数名后面括号中的参数。
- 形参是在定义函数时函数名后面括号中的参数,多个形参间用逗号分隔。
- 函数调用时实参的类型应与形参的类型一致。
- 函数只有被调用时,实参和形参之间才实现数据传递。
- 实参可以是常量、变量、数组、表达式或地址。
- 形参可以是变量、数组或者是指针变量。
- 函数调用时系统才为形参分配内存,与实参占用不同的内存,即使形参和实参同名也不会混淆。
- 函数调用结束时,形参所占内存即被释放。

9.2　函数的调用

有参函数的调用的一般形式是:

函数名(实参 1,实参 2,…)

无参函数调用的一般形式是:

函数名()

函数的调用方式主要有以下三种,以 max 函数为例进行说明。

1. 函数语句

将函数调用单独作为一个语句,并不要求函数返回一个值,但是要求函数完成一定的操作。

max(a,b);

2. 函数表达式

函数出现在一个表达式中,这时要求函数返回一个确定的值参加表达式的运算。

f = max(a,b)+c;

3．函数参数

函数调用作为一个函数的参数：

$f = \max(a, \max(b, c));$

9.3 参数传递

函数调用时，实参和形参进行了数据的传递。参数传递的方法有 3 种：按值传递、按地址传递（也叫指针传递）和引用传递。

9.3.1 按值传递

调用函数时，将实参的值传递给形参的方式称为按值传递，也称传值。

说明：

- 形参为普通变量，实参为表达式或变量，实参向形参赋值。
- 参数传递后，实参和形参不再有任何联系。
- 传递是单向的，即如果在执行函数期间形参的值发生变化，并不传回给实参。
- 形参和实参属于不同的存储单元。
- 可以用 return 返回一个值，函数独立性强。

9.3.2 按地址传递

调用函数时，将实参的地址传递给形参的传递方式称为按地址传递，也称传地址。

说明：

- 实参必须用地址值，形参用指针变量。
- 函数调用时，形参的指针变量指向实参存储单元。
- 形参变量指针可以对实参进行间接读写。
- 形参做的任何操作都会影响到函数中实参的值。

9.3.3 引用传递

引用传递又称传引用，即引用变量的别名，对别名的访问就是对别名所关联变量的访问，"&"称为引用符，不要理解为地址。

说明：

- 形参为引用型变量，实参是变量，传递后为引用型形参初始化。
- 参数传递后，形参是实参的别名，修改了形参，实参也随着发生变化。
- 函数调用时，系统不再为形参分配存储单元，共用同一个存储单元。
- 函数返回值类型为引用时，可以对指定存储单元进行修改。

9.4 函数模板与函数重载

函数模板是建立一个通用函数,定义一个虚拟的函数类型,可以使用多种不同类型的形参。

1. 定义函数模板

定义函数模板的一般形式为:

```
template < typename 类型参数>
<类型名><函数名>
{
    函数体
}
```

或

```
template < class 类型参数>
<类型名><函数名>
{
    函数体
}
```

class 和 typename 的作用相同,都表示"类型名",它们可以互换。

2. 使用函数模板

函数模板使用中需要注意的问题:

(1) 函数模板允许使用多个类型参数,但在 template 定义部分的每个形参前必须先写关键字 class 或 typename,即

```
template < typename 类型参数 1, typename 类型参数 2, …>
<类型名><函数名>
{
    函数体
}
```

(2) 在 template 语句与函数模板定义语句<类型名>之间不允许有别的语句。如下面的声明是错的:

```
template < class t >
int a;
t min(t x, t y)
{
    int x;
    …
}
```

9.5 函数的递归

1．递归定义

一个函数在调用时直接或间接调用了该函数本身,称为函数的递归调用。

2．分类

函数的递归可以分为以下两类。

(1) 直接递归:指函数在函数体里对自己进行调用。

(2) 间接递归:指函数 a 先调用一个函数 b,而函数 b 又直接调用函数 a。

9.6 本章教学案例

9.6.1　小写字母转换

📖 **案例描述**

从键盘输入一个字符串,把其中的小写字母转换成前一个字符,如果是 a 转换成 z,如果是 b 转换成 a,以此类推,其他的字符不转换,保存程序文件名为 C++ 09-01.CPP。

✍ **案例实现**

```cpp
#include<iostream>
#include<string>
using namespace std;
char t[1000];
void zfc();
void main()
{
    cout<<"请输入一个字符串:";
    cin>>t;
    zfc();
}
void zfc()
{
    int i;
    for(i=0;i<strlen(t);i++)
    {
        if(t[i]=='a') t[i]='z';
        else if(t[i]>='b'&&t[i]<='z') t[i]=t[i]-1;
        else;
    }
    cout<<"转换后的字符串:"<<t<<endl;
}
```

自定义函数与参数传递

🖥 程序运行结果（图 9-1）

图 9-1 C++ 09-01.CPP 运行结果

☎ 知识要点分析

- 数组 char t[1000]在主函数中声明，可以供其他函数调用。
- void zfc()声明无参函数。
- 主函数中 zfc()是调用无参函数。
- else；执行的是一个空语句。
- cout <<"转换后的字符串："<< t << endl，其中 t 代表字符串的首地址。

9.6.2 按值传递两个数

📖 案例描述

a = 100，b = 200，按值传递给 x 和 y，x 和 y 的值发生变化后 a 和 b 的值如何？保存程序文件名为 C++ 09-02.CPP。

✍ 案例实现

```cpp
#include <iostream>
using namespace std;
void func(int x, int y);
void main()
{
    int a = 100, b = 200;
    func(a, b);
    cout <<"a = "<< a << endl;
    cout <<"b = "<< b << endl;
}
void func(int x, int y)                    //按值传递参数的表现形式
{
    x = 800;
    y = 900;
    cout <<"x = "<< x << endl;
    cout <<"y = "<< y << endl;
}
```

程序运行结果（图 9-2）

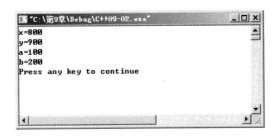

图 9-2　C++ 09-02. CPP 运行结果

知识要点分析

按值传递 x 和 y 的值发生变化后不会影响到 a 和 b 的值。

9.6.3　按地址传递两个数

案例描述

a = 100，b = 200，按地址传递给 x 和 y，x 和 y 的值发生变化后 a 和 b 的值如何？保存程序文件名为 C++ 09-03. CPP。

案例实现

```cpp
#include <iostream>
using namespace std;
void func(int * x, int * y);
void main()
{
    int a = 100, b = 200;
    func(&a, &b);
    cout <<"a = "<< a << endl;
    cout <<"b = "<< b << endl;
}
void func(int * x, int * y)              //按地址传递参数的表现形式
{
    * x = 800;
    * y = 900;
    cout <<"x = "<< * x << endl;
    cout <<"y = "<< * y << endl;
}
```

程序运行结果（图 9-3）

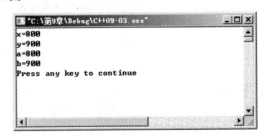

图 9-3　C++ 09-03. CPP 运行结果

自定义函数与参数传递

☎ 知识要点分析

按地址传递 a 和 b 的值给 x 和 y 后，a 与 x，b 与 y 共用一个存储单元，因此 x 和 y 发生变化后，直接影响 a 和 b 的值。

9.6.4 按引用传递两个数

📖 案例描述

a = 100，b = 200，按引用传递给 x 和 y，x 和 y 的值发生变化后 a 和 b 的值如何？保存程序文件名为 C++ 09-04.CPP。

✍ 案例实现

```
#include<iostream>
using namespace std;
void func(int &x,int &y);
void main()
{
    int a = 100,b = 200;
    func(a,b);
    cout <<"a = "<< a << endl;
    cout <<"b = "<< b << endl;
}
void func(int &x,int &y)          //引用传递的参数表现形式
{
    x = 800;
    y = 900;
    cout <<"x = "<< x << endl;
    cout <<"y = "<< y << endl;
}
```

💻 程序运行结果（图9-4）

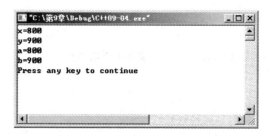

图 9-4   C++ 09-04.CPP 运行结果

☎ 知识要点分析

a = 100，b = 200，按引用传递给 x 和 y，x 和 y 与 a 和 b 共用一个存储单元，x 和 y 的值发生变化后，a 和 b 的值也会发生相应的变化。

9.6.5 大于 M 的 k 个素数

📖 案例描述

输入一个数，把大于它的 k 个素数存入 b 数组中，程序运行时，m 输入的是 11，k 输

113

入的是 5，保存程序文件名为 C++ 09-05.CPP。

✍ 案例实现

```cpp
#include<iostream>
using namespace std;
void jsValue(int m,int k,int b[]);
bool isprime(int n);
int main()
{
    int m,k,a[100];
    printf("请输入 m:");
    scanf("%d",&m);
    printf("请输入个数 k:");
    scanf("%d",&k);
    jsValue(m,k,a);
    for(m=0;m<k;m++)
    {
        printf("%d ",a[m]);
    }
    printf("\n");
    return 0;
}
void jsValue(int m,int k,int b[])
{
    int i,cnt=0;
    for(i=m+1;;i++)
    {
        if(isprime(i)==true)
        {
            b[cnt]=i;
            cnt++;
            if(cnt==k) break;          //满足 k 个退出循环
        }
    }
}
bool isprime(int n)
{
    bool bj=true;
    int i;
    for(i=2;i<n;i++)
    if(n%i==0)
        {
            bj=false;
            break;
        }
    return bj;
}
```

自定义函数与参数传递

程序运行结果（图 9-5）

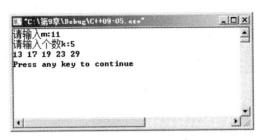

图 9-5　C++ 09-05.CPP 运行结果

知识要点分析

- void jsValue(int m, int k, int b[ ])和 bool isprime(int n)声明了两个自定义函数，其中 jsvalue 函数是从 m+1 开始找满足条件的素数，isprime 判断是否是素数。
- 主函数调用 jsvalue(m, k, a)函数，其中 m 和 k 是按值传递，a 表示的是数组的首地址，是按地址传给了 b 数组，a 和 b 共用一个存储单元。
- jsvalue 函数又调用 isprime 函数，判断是否是素数。

9.6.6　通过函数模板求三个数中的最大数

案例描述

分别输入三个整数和三个双精度数，利用函数模板求三个数的最大数，保存程序文件名为 C++ 09-06.CPP。

案例实现

```cpp
#include<iostream>
using namespace std;
//template<class t>
template<typename t>
t max(t x, t y)
{
    return x>y?x:y;
}
int main()
{
    int ia, ib, ic;
    cout<<"输入三个整数:";
    cin>>ia>>ib>>ic;
    cout<<"最大的整数是:"<<max(max(ia, ib), ic)<<endl;
    double la, lb, lc;
    cout<<"输入三个双精度数:";
    cin>>la>>lb>>lc;
    cout<<"最大的双精度数是:"<<max(max(la, lb), lc)<<endl;
    return 0;
}
```

💻 **程序运行结果（图 9-6）**

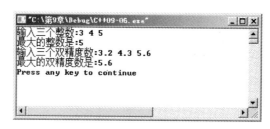

图 9-6　C++ 09-06.CPP 运行结果

☎ **知识要点分析**

template < class t >和 template < typename t >是定义模板的两种形式，作用完全相同。

9.6.7　通过函数重载求三个数中的最大数

📖 **案例描述**

分别输入三个整数和三个双精度数，利用函数重载求三个数的最大数，保存程序文件名为 C++ 09-07.CPP。

✍ **案例实现**

```cpp
#include < iostream >
using namespace std;
int max(int x, int y, int z);
double max(double x, double y, double z);
int main()
{
    int ia, ib, ic;
    cout <<"输入三个整数:";
    cin >> ia >> ib >> ic;
    cout <<"最大的整数是:"<< max(ia, ib, ic)<< endl;
    double la, lb, lc;
    cout <<"输入三个双精度数:";
    cin >> la >> lb >> lc;
    cout <<"最大的双精度数是:"<< max(la, lb, lc)<< endl;
    return 0;
}
int max(int x, int y, int z)
{
    if(x > y) y = x;
    if(y > z) return y;
    else return z;
}
double max(double x, double y, double z)
{
    if(x > y) y = x;
```

```
    if(y > z) return y;
    else return z;
}
```

程序运行结果（图 9-7）

图 9-7　C++ 09-07. CPP 运行结果

☏ 知识要点分析

- 函数重载的应用。
- 不同类型的数据使用同一个自定义函数。

9.6.8　用递归计算一个数的阶乘

📖 案例描述

输入一个数，用递归求这个数的阶乘，运行程序时输入 10 进行调试，保存程序文件名为 C++ 09-08. CPP。

✍ 案例实现

```
#include < iostream >
using namespace std;
int main()
{
    int n,jc(int n);
    cout <<"请输入一个数 n:";
    cin >> n;
    cout << n <<"的阶乘是:"<< jc(n)<< endl;
    return 0;
}
int jc(int n)
{
    static int t = 1;
    t * = n;
    n--;
    if(n == 1) return t;
    else jc(n);
}
```

🖳 **程序运行结果**(图 9-8)

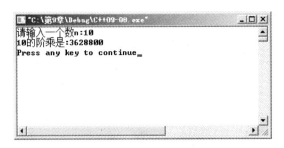

图 9-8　C++ 09-08.CPP 运行结果

9.7　本章课外实验

1. 在三位整数(100～999)中寻找符合条件的整数并依次从小到大存入数组 a 中；它既是完全平方数，又是两位数字相同，例如 144、676 等，并把个数作为函数的返回值，保存程序文件名为 C++ 09-KS01.CPP，最终效果如图 9-9 所示。

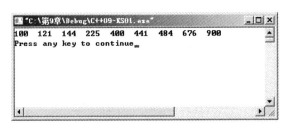

图 9-9　C++ 09-KS01.CPP 运行结果

2. 数组 a 中有 10 个实数，利用自定义函数求出这 10 个实数的整数部分值之和 s_int 以及其小数部分值之和 s_dec，保存程序文件名为 C++ 09-KS02.CPP，最终效果如图 9-10 所示。

图 9-10　C++ 09-KS02.CPP 运行结果

3. 利用自定义函数求出 ss 字符串中指定字符 c 的个数，并返回此值。请编写函数 int num(char * ss, char c) 实现程序要求，保存程序文件名为 C++ 09-KS03.CPP，最终效果如图 9-11 所示。

图 9-11　C++ 09-KS03.CPP 运行结果

4. 把 s 字符串中的所有字符左移一个位置,串中的第一个字符移到最后。请编写函数 fs(chr ＊s)实现程序要求,保存程序文件名为 C++ 09-KS04.CPP,最终效果如图 9-12 所示。

图 9-12　C++ 09-KS04.CPP 运行结果

5. 写函数 void c_Value(int ＊a,int ＊n),它的功能是:求出 1～100 之内能被 7 或 11 整除但不能同时被 7 或 11 整除的所有整数放在数组 a 中,并通过 n 返回这些数的个数,每行 4 个数进行输出,保存程序文件名为 C++ 09-KS05.CPP,最终效果如图 9-13 所示。

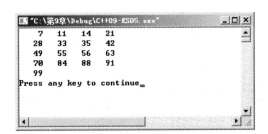

图 9-13　C++ 09-KS05.CPP 运行结果

6. 用递归求 1～100 的和,保存程序文件名为 C++ 09-KS06.CPP,最终效果如图 9-14 所示。

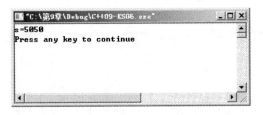

图 9-14　C++ 09-KS06.CPP 运行结果

7. 用递归输出两位数的所有素数,保存程序文件名为 C++ 09-KS07. CPP,最终效果如图 9-15 所示。

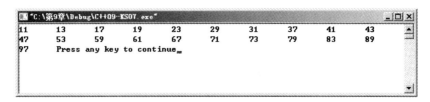

图 9-15　C++ 09-KS07. CPP 运行结果

第 10 章　变量的作用域

本章说明：

变量的作用域是 C++ 学习过程中很重要的一部分，掌握变量的作用域才能在编写程序时正确地定义变量、正确地使用变量，才能保证程序的运行结果是正确的。

本章主要内容：

➢ 变量的作用域
➢ 变量的存储类型
➢ 内部函数与外部函数

📖 **本章拟解决的问题：**

1. 什么是变量的作用域？
2. 局部变量与全局变量有什么区别？
3. 变量的存储类型有哪些？
4. 静态变量与动态变量的最大区别是什么？
5. 如何使用外部变量？
6. 外部函数如何定义和使用？

10.1　变量作用域

变量作用域又称变量的作用范围，一些变量在整个程序中都是可以使用的，称为全局变量，而有一些变量只能在一个函数或复合语句中使用，称为局部变量。

10.1.1　局部变量

局部变量是指定义在函数内部或函数内部复合语句中的变量，它们的作用域分别在所定义的函数体或复合语句内，也称内部变量。局部变量只在本函数范围内或复合语句内有效，例如：

```
char f1(int a,int b)        //a、b 在函数 f1 范围内有效
{
    int i,j;                //i、j 在函数 f1 内有效
    ...
}
int main( )
```

```
{
    int m,n;                    //m、n在主函数范围内有效
    {
        int i,j;                //i、j在复合语句中有效
        …
    }
    …
}
```

说明:

- 主函数中定义的变量只能在主函数中使用,不能在其他函数中使用。
- 在自定义函数中定义的变量,只能在自定义函数中使用,也不能在主函数中使用。
- 不同函数中可以使用同名的变量,它们代表不同的变量。
- 函数内部的复合语句中定义的变量,只能在本复合语句中使用。
- 形式参数也是局部变量,只能在本自定义函数中使用。
- 不同作用域的变量是可以重名的,但同一作用域的变量不允许重名。
- 内层程序变量与外层程序变量重名,在其作用域内,将隐藏外层程序的变量,内层程序结束后,恢复其外层变量的值。
- 外层程序定义的变量可以供内层程序使用,如果改变了它的值,内层程序结束后,值仍然是改变后的值。
- 内层程序定义的变量不能供外层程序使用。
- 局部变量声明系统不会自动赋初值。

10.1.2　全局变量

全局变量是定义在函数以外的变量,如果定义在文件头位置,对于整个文件的函数都可以使用。全局变量也称外部变量,有效范围为从定义变量的位置开始到本源文件结束。

```
int i = 10;                     //全局变量
void main()
{
    int j = i;
    …
}
void f1()
{
    int s;
    i = s;
    …
}
```

说明:

- 全局变量如果程序中没有进行赋初值,系统会自动进行初始化,数值型变量值为0,char类型为空,bool类型为0。
- 全局变量可以在程序的任何位置,但其作用域从定义的位置开始。
- 全局变量在所有函数之前定义,这样所有函数就可以使用该变量。

- 定义在文件中间的全局变量就只能被其之后定义的函数所使用,在此之前定义的函数不能访问该变量。
- 使用其他文件中定义的全局变量,但要求该变量是外部变量,同时在使用该变量的文件中对该变量声明。
- 全局变量在有效范围内的任何函数中都可以修改该变量。
- 全局变量在程序的执行中一直占用存储单元,程序全部结束才释放该空间。

10.1.3　变量作用域分类

变量分为 4 种不同的作用域:
- 文件作用域;
- 函数作用域;
- 复合语句作用域;
- 函数原型作用域。

1.文件作用域

文件作用域是全局的,其作用域开始于声明处,结束于该文件的结束处。

2.函数作用域

函数作用域就是变量的作用范围限制在一个函数内部,一般包括函数的形参以及其内声明的局部变量。它仅在本函数中有效。

3.复合语句作用域

用一对花括号括起来的一部分程序称为复合语句。在本复合语句内定义的变量,其作用域仅限复合语句内,离开这个复合语句后再使用该变量为非法变量。

4.函数原型作用域

函数原型作用域指自定义函数声明时形参的作用范围。其中形参变量的作用范围从函数声明开始到函数原型结束。

10.2　变量的存储类型

变量的存储类型是指变量在内存中的存储方法。变量的存储类型可以分为以下 4 种:
- 自动存储类型(auto)简称自动变量。
- 静态存储类型(static)简称静态变量。
- 寄存器存储类型(register)简称寄存器变量。
- 外部变量存储类型(extern)简称外部变量。

10.2.1 自动变量

自动变量在定义时，auto 可以省略，以前我们程序定义的变量大部分是自动变量，例如下面程序段定义的 a、x、y 变量都为自动变量。

```
int f1(int a)
{
    double x;
    auto int y;
}
```

说明：
- 函数内部定义的变量为局部变量，也称自动变量。
- 自动类型变量为动态变量，定义时如果没有赋予它初始值，则它的值不定。
- 自定义函数的形参也是自动变量，作用域仅限于本函数内。
- 自动变量的存储空间由程序自己创建和释放，程序一结束就被释放。

10.2.2 静态变量

静态变量声明时使用 static，系统用静态存储方式为该变量分配内存，例如下面程序段定义的 x 和 b 为静态变量，a 为动态变量。

```
static int x;                    //静态全局变量
int fun(int a)                   //自动变量
{
    static int b;                //静态局部变量
}
```

说明：
- 静态局部变量在定义它的函数内有效。
- 静态局部变量程序仅分配一次内存，函数返回后，该变量不会消失。
- 静态全局变量在整个工程文件内都有效。

10.2.3 寄存器变量

寄存器类型变量，使用 register 声明，寄存器变量在声明后将变量存入 CPU 的寄存器，而不是存入内存。

说明：
- 静态变量和全局变量不能定义为寄存器类型变量。
- 寄存器类型变量主要用做循环变量，存放临时值。
- 定义寄存器类型变量，系统会在寄存器中为其分配存储单元。
- 不能对寄存器变量进行取地址操作。

10.2.4 外部变量

外部类型变量，使用 extern 进行声明，其作用范围属于全局变量。

```
int x;                      //外部变量
int func(int a)             //自动变量
{
    extern int b;           //外部变量
}
```

说明:
- 在函数外部定义的变量为外部变量。
- 外部变量的作用域是整个程序。
- 外部变量在某个文件上定义后,其他文件要使用时用 extern 说明。
- 在同一个源程序文件中,如果在函数后面定义的变量在前面使用也要用 extern 说明。
- 外部变量可以让所有函数共享这个变量。
- 外部变量在程序编译时会自动分配存储空间并赋初值。

10.3 内部函数与外部函数

函数默认是全局的,一个函数可以被另一个函数调用,但可以限定函数能否被其他源文件中的函数调用。C++中,根据函数能否被其他源文件中的函数调用,将函数分为内部函数和外部函数。

10.3.1 内部函数

如果一个函数只能被本文件中的其他函数所调用,而不能被其他文件中的函数调用,这种函数称为内部函数,也称为静态(static)函数。

定义一个内部函数,需在函数类型和函数名的前面加关键字 static。它的一般形式为:

static 函数类型 函数名(形参 1,形参 2,…)

使用内部函数时,函数的作用域只局限于本文件,若自己定义的函数与其他文件中的函数同名,它们互不干扰。

10.3.2 外部函数

在定义函数时,如果在函数类型和函数名前面加关键字 extern,或用 extern 声明的,表示此函数是外部函数,可供其他文件调用。外部函数的一般形式为:

extern 函数类型 函数名(形参 1,形参 2,…)

为了编程方便,C++允许声明函数时省略 extern,即:

函数类型 函数名(形参 1,形参 2,…)

10.4 本章教学案例

10.4.1 局部变量的应用

📖 **案例描述**

通过 C++ 程序理解局部变量的使用,保存程序文件名为 C++ 10-01. CPP。

✍ **案例实现**

```
#include <iostream>
using namespace std;
void main()
{
    int a = 10;                 //局部变量,可以在主函数的范围内使用
    int b = 10;
    {
        int a, x = 10;          //局部变量,只能在本复合语句中使用
        a = x + b;              //a = 10+10
        b = 2 * a;              //b = 2 * 20
        cout <<"a = "<< a << endl;
    }
    a = a + b;                  //a = 10+40
    cout <<"a = "<< a << endl;
}
```

💻 **程序运行结果(图 10-1)**

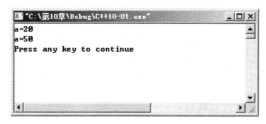

图 10-1　C++ 10-01. CPP 运行结果

☞ **知识要点分析**

- 在复合语句中定义 int a, x = 10, a 与主函数中的 a 重名,在本复合语句中主函数的 a 隐藏,使用的是本复合语句的 a, 无论是 a 还是 x, 本复合语句结束后,这两个变量将不存在。
- 主函数中定义的 b 可以在主函数中使用,也可以在复合语句中使用,复合语句中 b 的值改变为 40。
- a = a + b 是恢复了主函数中 a 的值加上了复合语句中 b 的值。

10.4.2 全局变量的应用

📖 **案例描述**

通过 C++ 程序,理解局部变量和全局变量的使用,保存程序文件名为 C++ 10-02. CPP。

126

变量的作用域 ———————

✍ 案例实现

```cpp
#include < iostream >
using namespace std;
int a = 100, b = 100, c = 100;          //全局变量
void f1(int x, int y)                    //x 和 y 也是局部变量,可以在 f1 的范围内使用
{
    int i;
    i = a;                               //i = 100
    {
        int j = y;                       //变量 j 的作用域 j = 10
        cout <<"j = "<< j << endl;       //j = 10
    }
    //cout <<"j = "<< j << endl;         //超出 j 的作用域,编译出错,删除该行则程序正常
    cout <<"i = "<< i << endl;           //i = 100
}
void main()
{
    int a, b;
    a = 10;
    b = 10;
    f1(a, b);
    cout <<"a = "<< a << endl;
    cout <<"b = "<< b << endl;
}
```

🖥 程序运行结果(图 10-2)

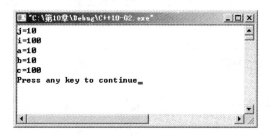

图 10-2   C++ 10-02.CPP 运行结果

☏ 知识要点分析

- 定义了全局变量 a, b, c,在主函数中又定义了局部变量 a 和 b,因此主函数中输出
  的 a 和 b 的值是 10。
- 全局变量可以在定义位置开始的任意函数中使用,因此主函数中 c 的值是 100。
- 在 f1 中,主函数的 a 传给了 x,b 传给了 y,因此 j 的值是 10。
- i = a 是把全局变量赋给了 i,因此 i 的值是 100。

10.4.3   变量的作用域应用

📖 案例描述

阅读下面的程序,理解变量的作用域,保存程序文件名为 C++ 10-03.CPP。

✍ **案例实现**

```cpp
#include <iostream>
using namespace std;
int a = 100, c;                  //可以被所有的函数使用
void f2();                       //可以被主函数和 f1 函数调用
void main()
{
    int b;
    void f1();                   //只能被主函数调用
    cout <<"主函数的输出:"<< endl;
    cout <<"a = "<< a << endl;
    cout <<"b = "<< b << endl;
    cout <<"c = "<< c << endl;
    //cout <<"x = "<< x << endl;
    //cout <<"y = "<< y << endl;
    f1();
}
int b = 100;                     //只能被 f1 和 f2 函数使用
void f1()
{
    cout <<"f1 函数的输出:"<< endl;
    cout <<"a = "<< a << endl;
    cout <<"b = "<< b << endl;
    cout <<"c = "<< c << endl;
    //cout <<"x = "<< x << endl;
    //cout <<"y = "<< y << endl;
    f2();
}
int x = 200, y = 200;            //只能被 f2 函数使用
void f2()
{
    cout <<"f2 函数的输出:"<< endl;
    cout <<"a = "<< a << endl;
    cout <<"b = "<< b << endl;
    cout <<"c = "<< c << endl;
    cout <<"x = "<< x << endl;
    cout <<"y = "<< y << endl;
}
```

🖥 **程序运行结果(图 10-3)**

图 10-3　C++ 10-03.CPP 运行结果

知识要点分析

- int a = 100,c;可以在整个程序中使用,c 系统自动赋初始值为 0。
- int x = 200,y = 200;只能在 f2 函数中使用,不能在主函数和 f1 中使用。
- f2 函数在头文件外声明,可以被所有的函数调用,但 f1 只能被主函数调用。
- 主函数中 int b;定义的 b 没有赋初值,局部变量系统不会自动赋初值。
- int b = 100;可以在 f1 和 f2 两个函数中使用,而不能在主函数中使用。

10.4.4　用静态变量求阶乘

案例描述

利用静态变量求 1!+2!+3!+…+10!,保存程序文件名为 C++ 10-04.CPP。

案例实现

```cpp
# include < iostream >
using namespace std;
int jc(int n)
{
    static int t = 1;
    t = t * n;
    return t;
}
void main()
{
    int s = 0,i;
    for(i = 1;i < = 10;i + + )
    s = s+jc(i);
    cout <<"s = "<< s << endl;
}
```

程序运行结果(图 10-4)

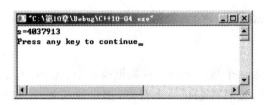

图 10-4　C++ 10-04.CPP 运行结果

知识要点分析

- static int t = 1;定义静态变量,初始值是 1。
- s = s+jc(i);循环调用 jc 函数,t 的值保持下次改变后的值。

10.4.5　用外部变量求两个数的和

案例描述

计算外部变量 a 和 b 的和,保存程序文件名为 C++ 10-05.CPP。

✍ 案例实现

```
#include <iostream>
using namespace std;
void main(void)
{
    extern int a,b;
    int s,sum(int a,int b);
    s = sum(a,b);
    cout <<"s = "<< s << endl;
}
int sum(int a,int b)
{
    return a+b;
}
int a = 3,b = 4;
```

🖳 程序运行结果（图 10-5）

图 10-5　C++ 10-05.CPP 运行结果

☎ 知识要点分析

- extern int a,b;声明 a 和 b 是外部变量,如果不声明,主函数不能使用 a 和 b 两个变量。
- s = sum(a,b);使用 a 和 b 两个外部变量。

10.4.6　用外部函数求一个数的阶乘

📖 案例描述

利用外部函数,输入一个数求阶乘。首先创建一个 FUNC.CQQ 文件,在该文件中存入求阶乘的自定义函数,然后再创建一个程序,调用该函数,保存程序文件名为 C++ 10-06.CPP。

✍ 案例实现

FUNC.CQQ 程序的编写：

```
int jc(int n)
{
    int t = 1,i;
    for(i = 1;i <= n;i ++)
        t *= i;
    return t;
}
```

变量的作用域 ——

C++ 10-06. CPP 程序的编写：

```
# include < iostream >
# include < FUNC.CQQ >
using namespace std;
void main( )
{
    int n;
    extern int jc(int n);
    cout <<"请输入 n:";
    cin >> n;
    cout << n <<"的阶乘是:"<< jc(n)<< endl;
}
```

💻 **程序运行结果**（图 **10-6**）

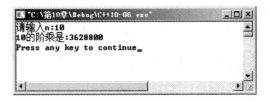

图 10-6　C++ 10-06.CPP 运行结果

☎ **知识要点分析**

- FUNC.CQQ 文件编写完后,要存放到 C++ 的 include 文件夹下,假设 C++ 的安装路径为 C 盘,应复制到"C：\ Program Files \ Microsoft Visual Studio \ VC98 \ Include"文件夹下。

- extern int jc(int n);声明 jc 是一个外部函数。

- # include < FUNC.CQQ >声明外部函数包含在 FUNC.CQQ 文件中,文件名与扩展名由程序编写者自己定义。

10.5 本章课外实验

1. 通过静态变量和外部递归函数求 1～100 的和,保存程序文件名为 C++ 10-KS01. CPP,最终效果如图 10-7 所示。

图 10-7　C++ 10-KS01.CPP 运行结果

2. 利用外部函数,把 20～30 之间的偶数分解成两个素数的和,保存程序文件名为 C++ 10-KS02.CPP,最终效果如图 10-8 所示。

图 10-8   C++ 10-KS02.CPP 运行结果

3. 定义一个静态变量的数组,把一个数插入到一个升序的数组中,插入后的顺序仍然是升序,保存程序文件名为 C++ 10-KS03.CPP,最终效果如图 10-9 所示。

图 10-9   C++ 10-KS03.CPP 运行结果

4. 用静态变量和自定义函数求一个字符串数组的最大下标,即字符串的长度,保存程序文件名为 C++ 10-KS04.CPP,最终效果如图 10-10 所示。

图 10-10   C++ 10-KS04.CPP 运行结果

第11章 结构体与共用体

本章说明：

C++提供了一些基本的数据类型来供用户使用,但是并不是所用的数据类型都能满足用户的需要。如果处理多字段数据我们就使用一种新的数据类型——结构体。它们的使用为处理复杂的数据结构(如动态数据结构等)提供了有效的手段,而且,为函数间传递不同类型的数据提供了方便。

本章主要内容：

➢ 结构体概述
➢ 结构体的使用
➢ 结构体数组与指针
➢ 共用体

📖 **本章拟解决的问题：**

1. 如何定义结构体?
2. 定义结构体的形式有哪些?
3. 结构体变量与数组如何赋初值?
4. 结构体指针如何使用?
5. 如何使用共用体?

11.1 结构体概述

11.1.1 结构体的概念

在实际的处理对象中,有许多信息是由多个不同类型的数据组合在一起进行描述的,而且这些不同类型的数据是互相联系组成了一个有机的整体,如表11-1所示,表示的学生的成绩信息,每个学生构成一个记录。

表11-1 学生成绩

记录号	学号(xh)	姓名(xm)	成绩(cj)
1	1001	张三	80
2	1002	李四	90
3	1003	王五	70

如果在 C++ 中表示上述表格的数据,我们可以自定义新的数据类型,我们称之为结构体,结构体中由不同的数据类型和不同意义的数据项组成的部分,我们称之为成员。

11.1.2 结构体的定义格式

结构体定义的基本格式如下:

struct 结构体名
{
    成员列表;
};

如表 11-1 中的数据,我们在定义的时候可以用下面的形式:

```
struct student                    //student 是结构体名
{
    char xh[5];                   //代表学号
    char xm[11];                  //代表姓名
    int cj;                       //代表成绩
};
```

struct 是一个关键字,表示结构体类型,student 表示结构体名,在大括号中的学号、姓名、成绩称为结构体成员,相当于数据库表中的字段。

说明:

- 成员的命名规则与变量名相同。
- 数据类型可以是基本变量类型和数组类型,也可以是指针变量类型。
- 结构体用;作为结束符,表示结构体定义结束。
- 结构体类型中的成员名可以与程序中的变量名相同,二者并不代表同一对象。
- 结构体也属于一种数据类型,与整型、实型等数据类型一样,在定义变量时为其分配存储空间。

11.2 结构体的使用

结构体在定义和使用的时候有很多种形式,我们利用表 11-1 中的数据对结构体的定义及使用进行说明。

11.2.1 定义结构体的方法

1. 在头文件位置定义结构体

```
#define STUDENT struct student
void main()
{
    STUDENT
    {
        char xh[5];
        char xm[11];
```

```
        int cj;
    };
}
```

大写的 STUDENT 表示的是数据类型,相当于 int、float、char 等,小写的 student 是结构体名,如果定义结构体类型的变量 a,b,c 可以用下面的格式:

STUDENT a,b,c;

2. 直接定义结构体名

```
struct student
    {
        char xh[5];
        char xm[11];
        int cj;
    };
```

其中 student 表示的是数据类型,相当于 int、float、char 等,如果定义结构体类型的变量 a,b,c,可以用下面的格式:

struct student a,b,c;

其中 struct 可以省略,省略后的格式为:

student a,b,c;

3. 自定义结构体名

```
typedef struct
{
    char xh[5];
    char xm[11];
    int cj;
}student;
```

其中 student 表示的是数据类型,相当于 int、float、char 等,如果定义结构体类型的变量 a,b,c,可以用下面的格式:

student a,b,c;

11.2.2 结构体变量

1. 结构体变量的定义

定义结构体变量的基本格式是:

结构体名 变量 1, 变量 2, 变量 3, …

说明:

- 可以先声明结构体类型然后再定义变量名。
- 可以在声明类型的同时直接定义变量。

2. 结构体变量的引用

结构体变量引用的基本格式是：

结构体变量名.成员名

说明：

- 对结构体变量中的成员分别进行输入输出。
- 对结构体成员的运算和普通变量一样。
- 如果进行指针运算，可以引用结构体变量的地址，也可引用结构体变量成员的地址。

3. 结构体变量的初始化

和其他变量一样，对结构体变量可以在定义时进行初始值。

11.3 结构体数组与指针

结构体数组与以前的数组不同之处是每个数组元素都是一个结构体类型的数据，它们都分别包括各个成员项。

11.3.1 结构体数组的定义

定义结构体数组的方法和定义结构体变量的方法一样，只需说明其为数组即可，基本格式为：

结构体名 数组 1，数组 2，数组 3，…

说明：

- 结构体数组名表示该结构体数组的首地址。
- 结构体数组适合于处理由若干具有相同关系的数据组成的数据集合。
- 用结构体数组处理数据时可以使用循环控制程序，处理问题会相对简单。

11.3.2 结构体数组的初始化

结构体数组在定义的同时也可以进行初始化，并且与结构体变量的初始化规定相同。

结构体名 数组名[元素个数]=｛初始数据表｝;

说明：

- 在对结构体数组进行初始化时，方括号[ ]中元素的个数可以不指定。
- 编译时，系统会根据给出初始的结构体常量的个数来确定数组元素的个数。
- 注意大括号中的初始数据顺序，以及它们与各个成员项间的对应关系。

11.3.3　结构体指针

在结构体中，当用一个指针变量指向一个结构体变量时，该指针被称为结构体指针，也可以使用指针变量指向结构体数组。

1. 定义结构体指针的格式为：

结构体名 ＊p

2. 结构体成员的引用

引用结构体成员，可以使用以下三种形式：

- 结构体变量. 成员名
- (＊p). 成员名
- p －>成员名

11.4 共用体

在 C++中除了可以自行定义结构体之外，还可以声明共用体(也叫联合体)。它可以使不同类型的变量共占同一段内存。

11.4.1　共用体的格式

共同体的定义形式为：

union 共用体名
{
  类型表示符　成员名；
  类型表示符　成员名；
  …
}；

共用体的变量定义共有三种形式：

1. union data
  {　　int i;
   chai ch;
   float f;
  }a, b;
2. union data
  {　　int i;
   char ch;
   float f;
  }；
  union data a, b, c, ＊p, d{3};

3. union
```
{    int i;
     char ch;
     float f;
}a,b,c;
```

需要注意的是,共用体变量任何时刻都只有一个成员存在。而且,它为变量定义分配内存,长度即为最长成员所占字节数。

11.4.2　共用体变量

结构体与共用体是既有区别又有联系的。区别是它们的存储方式不同,而它们两者却可以相互嵌套。

共用体变量的引用:

共用体变量名.成员名

如上例中,a.i

a. ch

a. f

说明:

- 同一内存段瞬时只能存放成员表中的一种,此时其他成员不起作用。
- 共用体变量中起作用的成员是最后一次存放的成员,在存入一个新成员后,原有成员就失去作用。
- 共用体变量的地址及各成员的地址相同。
- 不能用共用体变量名进行赋值、初始化等操作。
- 共用体与结构体一样可以嵌套使用。
- 不能用共用体变量作为函数参数,也不能使函数带回共用体变量,但可用指向共用体变量的指针作函数的参数。

11.5　本章教学与案例

11.5.1　用结构体输出三个学生(1)

📖 **案例描述**

利用结构体输出张三、李四、王五三个同学的学号、姓名和成绩,保存程序文件名为C++ 11-01.CPP。

✍ **案例实现**

```
# include < iostream >
# define STUDENT struct student      //定义结构体类型
using namespace std;
void main( )
{
```

结构体与共用体 ────

```
STUDENT                         //声明结构体成员
{
    char xh[5];
    char xm[11];
    int cj;
};
STUDENT a = {"1001","张三",80},b = {"1002","李四",90},c = {"1003","王五",70};
printf("xh = %s xm = %s cj = %d\n",a. xh,a. xm,a. cj);
printf("xh = %s xm = %s cj = %d\n",b. xh,b. xm,b. cj);
printf("xh = %s xm = %s cj = %d\n",c. xh,c. xm,c. cj);
}
```

🖥 程序运行结果(图 11-1)

图 11-1　C++ 11-01. CPP 运行结果

☎ 知识要点分析

- 在头文件处定义结构体类型。
- STUDENT a = {"1001","张三",80},b = {"1002","李四",90},c = {"1003","王五",70};定义结构体变量的同时赋初值。
- printf("xh = %s xm = %s cj = %d\n",a. xh,a. xm,a. cj);输出结构体变量的每个成员的值。

11.5.2　用结构体输出三个学生(2)

📖 案例描述

利用结构体输出张三、李四、王五三个同学的学号、姓名和成绩,保存程序文件名为C++ 11-02. CPP。

✍ 案例实现

```
# include < iostream >
using namespace std;
void main()
{
    struct student
    {
        char xh[5];
        char xm[11];
        int cj;
    } a = {"1001","张三",80},b = {"1002","李四",90},c = {"1003","王五",70};  //直接赋初值
    //定义结构体后再给结构体变量赋初值
```

```
//struct student a = {"1001","张三",80},b = {"1002","李四",90},c = {"1003","王五",70};
//student a = {"1001","张三",80},b = {"1002","李四",90},c = {"1003","王五",70};
    printf("xh = %s xm = %s cj = %d\n",a.xh,a.xm,a.cj);
    printf("xh = %s xm = %s cj = %d\n",b.xh,b.xm,b.cj);
    printf("xh = %s xm = %s cj = %d\n",c.xh,c.xm,c.cj);
}
```

🖥 程序运行结果(图 11-2)

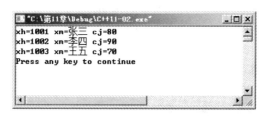

图 11-2 C++ 11-02.CPP 运行结果

☎ 知识要点分析
- 在主函数中直接定义结构体类型。
- 定义结构体的时候直接给变量赋初值。
- 也可以先定义结构体然后再给结构体变量赋初值。

11.5.3 用自定义结构体输入输出一个学生

📖 案例描述

利用自定义结构体输入一个学生的学号、姓名和成绩,然后再输出,保存程序文件名为 C++ 11-03.CPP。

✍ 案例实现

```
# include < iostream >
using namespace std;
void main()
{
    typedef struct                               //自定义结构体
    {
        char xh[5];
        char xm[11];
        int cj;
    }student;                                     //结构体类型名
    student a;                                    //定义结构体变量 a
    cout <<"请输入学号:";
    cin >> a.xh;
    cout <<"请输入姓名:";
    cin >> a.xm;
    cout <<"请输入成绩:";
    cin >> a.cj;
    cout <<"输出的结果是:";
//输出结构体变量 a 的三个成员
    cout << a.xh <<" "<< a.xm <<" "<< a.cj << endl;    //数据间用一个空格分隔
}
```

结构体与共用体

程序运行结果（图 11-3）

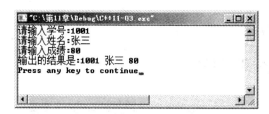

图 11-3 C++ 11-03.CPP 运行结果

知识要点分析

- 自定义结构体类型的使用。
- 结构体成员的输入与其他变量的输入方法相同。

11.5.4 用结构体求三个学生的总分

案例描述

通过结构体数组求张三、李四、王五三名学生的总分，保存程序文件名为 C++ 11-04.CPP。

案例实现

```cpp
#include <iostream>
using namespace std;
void main()
{
    struct student
    {
        char xh[5];
        char xm[11];
        float cj;
    };
    student stu[3] = {{"1001","张三",80},{"1002","李四",90},{"1003","王五",70}};
    int i;
    int s = 0;
    for(i = 0;i < 3;i ++)
    {
        s += stu[i].cj;
    }
    printf("s = %d\n",s);
}
```

程序运行结果（图 11-4）

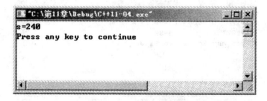

图 11-4 C++ 11-04.CPP 运行结果

☎ **知识要点分析**

● 结构体数组的定义。

● 结构体数组的下标与成员的引用。

11.5.5 用结构体排序

📖 **案例描述**

通过结构体对张三、李四、王五三名学生的学号进行降序排序,保存程序文件名为
C++ 11-05.CPP。

✍ **案例实现**

```cpp
# include < iostream >
# include < string >
using namespace std;
void main()
{
    typedef struct
    {
        char xh[5];
        char xm[11];
        int cj;
    }student;
    int i,j;
    student stu[3] = {{"1001","张三",80},{"1002","李四",90},{"1003","王五",70}};
    student zj;
    for(i = 0;i < 2;i++)
        for(j = i+1;j < 3;j++)
        {
            //if(strcmp(stu[i].xh,stu[j].xh)<0)        //利用字符串比较函数进行比较
            if(atoi(stu[i].xh)< atoi(stu[j].xh))       //将学号转换为整数
            {
                zj = stu[i];
                stu[i] = stu[j];
                stu[j] = zj;
            }
        }
    for(i = 0;i < 3;i++)
    {
        printf("xh = %s xm = %s cj = %d\n", stu[i].xh,stu[i].xm,stu[i].cj);
    }
}
```

🖥 **程序运行结果(图 11-5)**

图 11-5　C++ 11-05.CPP 运行结果

结构体与共用体

☜ 知识要点分析

- stu 数组为结构体数组,因此交换的中间变量 zj 也要为结构体类型。
- 0~9 的数字组成的字符串比较大小可以使用 strcmp 函数,也可以使用 atoi 函数,对于不是数字组成的字符串只能使用 strcmp 函数。

11.5.6 用结构体数组指针输出三个学生

📖 案例描述

通过结构体数组指针输出张三、李四、王五三个学生的学号、姓名、成绩,保存程序文件名为 C++ 11-06. CPP。

✐ 案例实现

```cpp
#include<iostream>
using namespace std;
void main()
{
    struct student
    {
        char xh[5];
        char xm[6];
        int cj;
    };
    int i;
    student stu[3] = {{"1001","张三",80},{"1002","李四",90},{"1003","王五",70}};
    student * p;
    p = &stu[0];
    for (i = 0;i < 3;i + +)
    {
        //printf("%s,%s,%d\n",( * p).xh,( * p).xm,( * p).cj);
        printf("%s,%s,%d\n",p -> xh,p -> xm,p -> cj);
        p + + ;
    }
}
```

🖥 程序运行结果(图 11-6)

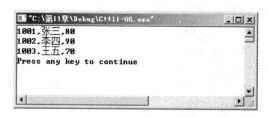

图 11-6 C++ 11-06. CPP 运行结果

☜ 知识要点分析

- student * p;定义结构体指针变量。
- p = &stu[0];取结构体数组的首地址。
- 结构体指针要与结构体变量的类型保持一致。
- 输出结构体成员可以用(* p).成员或 p ->成员。

- 结构体指针的下一个地址可以用 p++ 来表示。

11.6 本章课外实验

1. 利用指针变量求张三、李四、王五三个学生的成绩总分,保存程序文件名为 C++ 11-KS01.CPP,最终效果如图 11-7 所示。

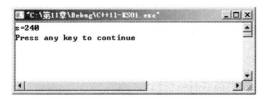

图 11-7　C++ 11-KS01.CPP 运行结果

2. 利用指针变量,输入三个学生的学号、姓名、成绩并求总分,保存程序文件名为 C++ 11-KS02.CPP,最终效果如图 11-8 所示。

3. 通过结构体数组对张三、李四、王五三个学生的成绩进行升序排序,并输出排序结果,保存程序文件名为 C++ 11-KS03.CPP,最终效果如图 11-9 所示。

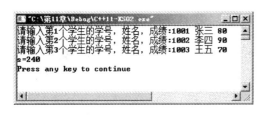

图 11-8　C++ 11-KS02.CPP 运行结果

图 11-9　C++ 11-KS03.CPP 运行结果

4. 通过结构体定义学号、姓名以及英语、数学、语文三门课程的成绩,并定义总分。通过键盘输入三个学生的信息并求出总分,并将每个学生的总分输出,保存程序文件名为 C++ 11-KS04.CPP,最终效果如图 11-10 所示。

图 11-10　C++ 11-KS04.CPP 运行结果

第 12 章　类 与 对 象

本章说明：

　　一组相似的对象称为类，对象作为类的实例出现在程序中，占有内存空间，是运行时存在的实体。所以类实际上是一个新的数据类型，要使用它时，要在源程序中声明，而声明部分的代码是不在内存中运行的。在内存中运行的是类的对象，本章主要研究类与对象的创建和使用。

本章主要内容：

> ➢ 类与对象概述
> ➢ 类与对象的创建
> ➢ 构造函数与析构函数

📖 **本章拟解决的问题：**

　　1. 如何创建类？
　　2. 对象如何引用类中的成员？
　　3. 公共成员与私有成员有什么区别？
　　4. 如何在类外创建成员函数？
　　5. 如何通过构造函数对数据进行初始化？
　　6. 如何通过析构函数保存文件？

12.1　类与对象概述

　　要进行面向对象的程序设计，必须使用面向对象的程序设计语言，这种语言应有如下特征：

- 支持对象的概念；
- 要求对象属于类；
- 提供继承机制。

C++既是面向过程的程序设计语言，也是面向对象的程序设计语言，能够进行类和对象的设计与应用。

12.1.1　类与对象的概念

类是一组对象有相同的属性结构和操作行为，并对这些属性结构和操作行为加以描述和说明。一个对象是类的一个实例,只有创建了类才能创建对象,当给类中的属性和行为赋予实际的值以后,就得到了类的一个对象,类和对象具有如表 12-1 所示的特点。

表 12-1 类与对象的特点

性 质	说 明
消息	一个对象向另一个对象发出的请求称为消息,通过消息传递才能完成对象之间的相互请求和协作
抽象性	面向对象程序设计中的抽象是对一类对象进行分析和认识,经过概括,抽出一类对象的公共性质,并加以描述的过程
封装性	在面向对象的程序设计中,封装就是把相关的数据和代码结合成一个有机的整体,形成数据和操作代码的封装体,对外只提供一个可以控制的接口,内部大部分的实现细节对外隐蔽,达到对数据访问权的合理控制
继承性	在面向对象程序设计中,继承表达的是对象类之间的关系,这种关系使得一类对象可以继承另一类对象的属性(数据)和行为(操作),从而提供了通过现有的类创建新类的方法,也提高了软件复用的程度
多态性	多态性是面向对象程序设计的重要特性之一,是指不同的对象收到相同的消息时产生不同的操作行为,或者说同一个消息可以根据发送消息的对象的不同而采用多种不同的操作行为

146

12.1.2 对象的状态

对象能够独立存在于现实世界中对象的原因,是每个对象都有各自的特征,这些特征就是对象的状态。如一个人的姓名、性别、年龄、身高、体重都是他的状态。人的这些状态对人这个类来说,是都具有的特征,因而是静态的。但人的状态又是可变化的,比如年龄会随时间的推移而增大,体重会在不同的时期有轻有重,因而状态的值又是动态的。对象的状态用属性的值来表征,是所有静态属性和这些属性的动态值的总和。

面向对象程序设计中对象的状态可以是初等的数据类型,如整型、实型、字符型等,也可以是用户自定义的数据类型,如结构型、枚举型等,还可以是对象,如人的状态除姓名等外,可能有家庭成员,而家庭成员就是一个对象。

12.2 类与对象的创建

在面向对象的程序设计中,类是指具有相同性质和功能的实体的集合。在 C++ 中,类是指具有相同内部存储结构和相同操作的对象的集合。声明了一个类,只是定义了一种新的数据类型,只有定义了类的对象,才真正创建了这种数据类型的实体(对象)。

12.2.1 类的创建

类的确定和划分类的一般原则是寻求系统中的一些共性,将具有共性的这些划分成一个类,类的声明和定义的格式如下:

```
class 类名                                    //声明类
{
```

Public:
    公共的数据或成员
Private:
    私有的数据或成员
Protected:
    保护的数据或成员
};

说明:

- 以";"结束类的定义。
- 声明的类是一个数据结构而不是函数。
- 说明类成员访问权限的关键字 private、protected 和 public 可以按任意顺序出现任意多次,但一个成员只能有一种访问权限。
- 为使程序更加清晰,应将私有成员和公共成员归类放在一起,习惯上将私有成员的说明放在前面。
- 数据成员可以是任何数据类型,但不能用自动(auto)、寄存器(register)、外部(extern)来说明。
- 成员函数可以在类内定义,也可以在类外定义。
- 不能在类内给数据成员赋初值,只有在类的对象定义以后才能给数据成员赋初值。
- 类的成员访问如表 12-2 所示。

表 12-2　类成员的访问

	类　　型	解　　释
Public	公有类型	允许外部函数访问
Private	私有类型	不允许外部函数访问,只允许本类的成员函数访问
Protected	保护类型	不允许外部函数访问,但本类和子类的成员函数可以访问
	一般形式	对象名称. 成员名称

- 类与结构体比较,类的成员默认为私有的,结构体默认为公共的。

12.2.2　对象的创建

定义对象有三种方法:

1. 先声明类,再定义对象

格式:

class 类名 对象名

其中 class 可以省略,建议使用这种形式定义类,养成编写程序的良好习惯,例如:

```
class student
{
public:
private:
```

```
};
class student oop1,oop2……                                    //定义类对象
```

2．声明类的同时定义对象

例如：

```
class student
{
public：
private：
}oop1,oop2…;                                                  //定义类对象
```

3．省略类名称，直接定义对象

例如：

```
class
{
public：
private：
} oop1,oop2…;                                                 //定义无类名称的对象
```

12.2.3　类的成员函数

类的成员函数可以在类内声明,也可以在类外声明。如果在类内只给出成员函数原型的说明,而成员函数的定义是在类外完成的,其一般形式为：

返回类型 类名::函数名(形式参数列表)
```
{
    //函数体
}
```

说明：

- 在类内声明成员函数的函数原型时,参数表中的参数可以只说明参数的数据类型而省略参数名。
- 在类的内部定义成员函数,即成员函数可以声明为内联函数。
- 内联函数的声明有显式声明和隐式声明两种形式。
- 隐式声明,直接将成员函数定义在类内部。
- 显式声明,将内联函数定义在类外,其声明的形式与在类外定义成员函数的形式类似,但为了使成员函数起到内联函数的作用,在函数定义前要加关键字 inline,以显式地声明这是一个内联函数。
- 在类外定义成员函数,在所定义的函数名前必须缀上类名。
- 在类外定义成员函数,类名与函数名之间必须加上作用域运算符::。
- 在类外定义成员函数时,参数表中的参数不但要说明参数的数据类型,而且要指定参数名。

● 成员函数返回值类型必须要与函数原型说明中的返回类型一致。

12.3 构造函数与析构函数

12.3.1 构造函数

当声明了类并定义了类的对象以后,编译程序需要为对象分配内存空间,进行必要的初始化,这个工作可以由一个特殊的函数来完成,我们称之为构造函数。它属于某个类,不同的类有不同的构造函数。构造函数可以由系统自动生成,也可以由用户自己定义。

系统自动生成的构造函数的形式为:

```
类名( )
{
函数体
}
```

说明:

● 构造函数是一种特殊的成员函数,被声明为公有成员,其作用是为类的对象分配内存空间,进行初始化。

● 构造函数的名字必须与类的名字相同。

● 构造函数的参数可以是任何数据类型,但它没有返回值,不能为它定义返回类型,包括 void 型在内。

● 对象定义时,编译系统会自动地调用构造函数完成对象内存空间的分配和初始化工作。

● 构造函数是类的成员函数,具有一般成员函数的所有性质,可访问类的所有成员,可以是内联函数,可带有参数表,可带有默认的形参值,还可重载。

● 如果没有定义构造函数,编译系统就自动生成一个缺省的构造函数,这个缺省的构造函数不带任何参数,只能给对象开辟一个存储空间,不能为对象中的数据成员赋初值。

● 构造函数可以是不带参数的,也可以是带参数的。

● 当构造函数带有参数时,在定义对象时必须给构造函数传递参数,否则,构造函数将不被执行。

● 构造函数不能被显式地调用,是在定义对象的同时调用的,其调用的一般格式为:

  类名　对象名(实参表)

● 构造函数可以采用构造初始化表的方法进行初始化。

● 对没有定义构造函数的类,类的公有数据成员可以用初始化表进行初始化。

● 在构造函数中用 new 运算符为对象分配空间。

● 在类外定义构造函数时需要在函数前加上类名,即类名::类名()。

12.3.2 析构函数

对象被撤销时,就要释放内存空间,并做一些善后工作,这个任务也可以由一个特殊的函数来完成,我们称之为析构函数。析构函数也是属于某个类的,可以由系统自动生成或用户自定义。

析构函数格式:

～类名()
{
   函数体
}

说明:

- 析构函数的名字必须与类名相同,但在名字的前面要加波折号"～"。
- 析构函数也是一种特殊的成员函数,也被声明为公有成员,作用是释放分配给对象的内存空间,并做一些善后工作。
- 析构函数没有参数,没有返回值,不能重载,在一个类中只能有一个析构函数。
- 当撤销对象时,系统会自动调用析构函数完成空间的释放和善后工作。
- 每个类必须有一个析构函数,若没有显式地定义,则系统会自动生成一个缺省的析构函数,它是一个空函数。
- 对于大多数类而言,缺省的析构函数就能满足要求,但如果对象在完成操作前需要做内部处理,则应显式地定义析构函数。
- 在析构函数中用 delete 运算符释放空间。
- 在类外定义析构函数时要在函数前加上类名,即类名::～类名()。

12.3.3　构造函数的重载

为了适应不同的情况,增加程序设计的灵活性,C++ 允许对构造函数重载,也就是可以定义多个参数及参数类型不同的构造函数,用多种方法为对象初始化。

12.4　本章教学案例

12.4.1　用学生类及类内定义输入输出成员函数

📖 **案例描述**

通过类及对象,定义私有成员学号 xh、姓名 xm、成绩 cj,在类内定义两个成员函数实现数据的输入和输出,然后调用成员函数进行输入和输出,保存程序文件名为 C++ 12-01.CPP。

✍ **案例实现**

```
# include < iostream >
using namespace std;
class student                              //定义 student 类
{
private:                                   //私有成员
    char xh[5];                            //学号
    char xm[11];                           //姓名
    float cj;                              //成绩
//定义了两个公共的成员函数
```

```
public:
    //输入成员函数
    void inlist(class student &stu)                    //class 可以省略
    {
        cout <<"请输入学号: ";
        cin >> stu.xh;
        cout <<"请输入姓名: ";
        cin >> stu.xm;
        cout <<"请输入成绩: ";
        cin >> stu.cj;
    }
    //输出成员函数
    void outlist (student &stu)                         //省略了 class
    {
        cout <<"stu.xh = "<< stu.xh << endl;
        cout <<"stu.xm = "<< stu.xm << endl;
        cout <<"stu.cj = "<< stu.cj << endl;
    }
};
void main()
{
    student stu1;                                       //定义了 stu1 对象
    stu1.inlist(stu1);                                  //调用输入成员函数
    stu1.outlist(stu1);                                 //调用输出成员函数
    student stu2;
    stu2.inlist(stu2);
    stu2.outlist(stu2);
}
```

💻 **程序运行结果(图 12-1)**

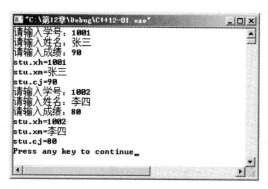

图 12-1 C++ 12-01. CPP 运行结果

☎ **知识要点分析**

● 在类内定义了两个成员函数,完成数据的输入与输出。

● student &stu 是定义引用形式的对象,与实参共用同一个地址。

12.4.2 用学生类及类外定义输入输出函数

📖 **案例描述**

通过类及对象,定义私有成员学号 xh、姓名 xm、成绩 cj,在类外定义两个成员函数实现数据的输入和输出,然后调用成员函数进行输入和输出,保存程序文件名为 C++ 12-02. CPP。

案例实现

```cpp
#include<iostream>
using namespace std;
class student
{
private:
    char xh[5];                              //学号
    char xm[11];                             //姓名
    float cj;                                //成绩
//定义了两个公共的成员函数
public:
    //输入成员函数
    void inlist(student &stu);
    //输出成员函数
    void outlist (student &stu);
};
void student::inlist(student &stu)           //类外定义输入函数
{
    cout<<"请输入学号: ";
    cin>>stu.xh;
    cout<<"请输入姓名: ";
    cin>>stu.xm;
    cout<<"请输入成绩: ";
    cin>>stu.cj;
}
void student::outlist (student &stu)         //类外定义输出函数
{
    cout<<"stu.xh = "<<stu.xh<<endl;
    cout<<"stu.xm = "<<stu.xm<<endl;
    cout<<"stu.cj = "<<stu.cj<<endl;
}

void main()
{
    student stu1;
    stu1.inlist(stu1);
    stu1.outlist(stu1);
    student stu2;
    stu2.inlist(stu2);
    stu2.outlist(stu2);
}
```

程序运行结果(图 12-2)

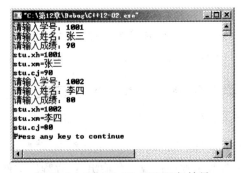

图 12-2　C++ 12-02.CPP 运行结果

☎ **知识要点分析**

类外定义成员函数，必须在函数名前加"类名::"。

12.4.3　用三个数求最大数

📖 **案例描述**

定义 a,b,c 三个成员，通过成员函数，求三个数中的最大数，利用构造函数对成员进行初始化，保存程序文件名为 C++ 12-03.CPP。

✍ **案例实现**

```
#include<iostream>
using namespace std;
class data
{
private:                              //定义三个私有成员
    int a,b,c;
public:
    int max()                         //成员函数
    {
        if(a>=b&&a>=c) return a;
        if(b>=a&&b>=c) return b;
        if(c>=a&&c>=b) return c;
    }
    data()                            //构造函数用来进行成员初始化
    {
        a=100;
        b=200;
        c=300;
    }
};
void main()
{
    data n;                           //定义对象n
    int m;
    m=n.max();                        //调用n的成员函数
    cout<<"m="<<m<<endl;
}
```

🖥 **程序运行结果**（图 12-3）

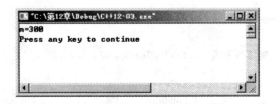

图 12-3　C++ 12-03.CPP 运行结果

☎ **知识要点分析**

- 构造函数必须与类名同名,因此构造函数名为 data()。
- data()构造函数是一个无参的构造函数。

12.4.4　求梯形的面积

📖 **案例描述**

定义梯形的上底、下底、高三个成员,通过构造函数进行初始化、通过成员函数求面积,保存程序文件名为 C++ 12-04.CPP。

✍ **案例实现**

```cpp
#include<iostream>
using namespace std;
class txdata
{
private:
    int h;                                    //梯形高
    int sd;                                   //梯形上底
    int xd;                                   //梯形下底
public:
    txdata(int = 10, int = 5, int = 20);      //对其中的数据成员赋初值
    float mj();                               //定义成员函数

};
txdata:: txdata(int psd, int pxd, int ph)     //类外定义构造函数
{

    sd = psd;
    xd = pxd;
    h = ph;
}
float txdata:: mj()                           //类外定义成员函数
{
    return (sd+xd) * h/2.;
}
int main()
{
    txdata tx1;
    cout<<"第一个梯形的面积: "<< tx1.mj()<< endl;
    txdata tx2(1,2,3);
    cout<<"第二个梯形的面积: "<< tx2.mj()<< endl;
    txdata tx3;
    tx3 = tx1;                                //把对象1赋给对象3
    cout<<"第三个梯形的面积: "<< tx3.mj()<< endl;
    return 0;
}
```

🖳 **程序运行结果（图12-4）**

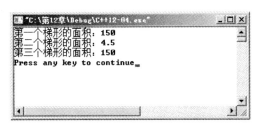

图 12-4　C++ 12-04. CPP 运行结果

☎ **知识要点分析**

- 定义 tx1 时没有给初值，构造函数将 10 传给 psd，将 5 传给 pxd，将 20 传给 ph，因此面积为 150。
- 定义 tx2 时，给了初值，1,2,3 分别传给了 psd,pxd,ph，因此梯形的面积是 4.5。
- tx3 = tx1 是将 tx1 对象赋给了 tx3，因此梯形的面积还是 150。

12.4.5　用两个类处理学生成绩

📖 **案例描述**

通过两个类和公共成员输出张三的计算机、外语、政治各门课成绩，保存程序文件名为 C++ 12-05. CPP。

✎ **案例实现**

```cpp
#include <iostream>
#include <string>
using namespace std;
class student1
{
public:
    string xh;                              //学号
    string xm;                              //姓名
    float jsj;                              //计算机成绩
public:
    student1(string pxh, string pxm, float pjsj)  //构造函数
    {
        xh = pxh;
        xm = pxm;
        jsj = pjsj;
    }
};
class student2
{
public:
    float wy;                               //外语成绩
    float zz;                               //政治成绩
public:
    student2(float pwy, float pzz)
```

```
        {
            wy = pwy;
            zz = pzz;
        }
};
void main()
{
    student1 stu1("1001","张三",90);              //传递给构造函数
    student2 stu2(70,80);
    cout <<"学号 = "<< stu1.xh << endl;
    cout <<"姓名 = "<< stu1.xm << endl;
    cout <<"计算机 = "<< stu1.jsj << endl;
    cout <<"外语 = "<< stu2.wy << endl;
    cout <<"政治 = "<< stu2.zz << endl;
}
```

🖥 程序运行结果（图 12-5）

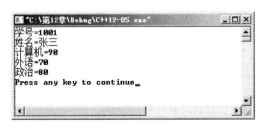

图 12-5　C++ 12-05.CPP 运行结果

☞ 知识要点分析

- student1 stu1("1001","张三",90)定义对象的同时传递参数。
- 定义了两个类，同时有两个构造函数。

12.4.6　构造函数重载与析构函数应用

📖 案例描述

利用构造函数重载处理有参和无参的初始化，在初始化时使用初始化列表对数据成员赋值，通过析构函数将三个数中的最大数存入 zds.txt 中，保存程序文件名为 C++ 12-06.CPP。

✍ 案例实现

```
#include <iostream>
#include <fstream>
using namespace std;
class maxdata
{
private:
    int a,b,c,zds;
public:
    int max()
    {
```

```cpp
        if(a >= b && a >= c) zds = a;
        else if(b >= a && b >= c) zds = b;
        else if(c >= a && c >= b) zds = c;
        return zds;
    }
    maxdata():a(100),b(200),c(300)              //初始化列表
    {

    }
    maxdata(int x,int y,int z):a(x),b(y),c(z)   //初始化列表
    {

    }
    ~maxdata()                                  //析构函数
    {
        ofstream fp;
        fp.open("zds.txt",ios::app);
        fp << zds <<" ";
        fp.close();
    }
};
void main()
{
    int k1,k2,k3,k;
    class maxdata n;
    k = n.max();                                //调用无参数的构造函数
    cout <<"程序中初始值最大数为:"<< k << endl;
    cout <<"请输入三个数:";
    cin >> k1 >> k2 >> k3;
    class maxdata m(k1,k2,k3);                  //调用带参数的构造函数
    k = m.max();
    cout <<"输出三个数的最大数为:"<< k << endl;
}
```

💻 程序运行结果(图 12-6)

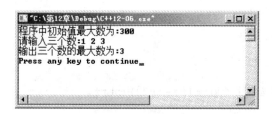

图 12-6   C++ 12-06.CPP 运行结果

☎ 知识要点分析

- 构造函数重载。
- 初始化列表。
- 有参和无参的构造函数的使用。

12.4.7　计算子串在字符串中出现的次数

📖 案例描述

计算一个长度为 2 的子串在一个字符串中出现的次数,通过构造函数把子串和原字符串作为参数进行传递,保存程序文件名为 C++ 12-07. CPP。

✍ 案例实现

```cpp
#include<iostream>
#include<fstream>
using namespace std;
class str
{
private:
    char k[1000],m[3];
public:
    int count();
    str(char * p,char * sub);
};
void main()
{
    char a[1000],b[3];
    int c;
    cout<<"输入一个字符串:";
    cin>>a;
    cout<<"输入一个两个字符的子串:";
    cin>>b;
    class str n(a,b);
    c = n.count();
    cout<<"共有"<<c<<"个字符串"<<endl;

}
int str::count()
{
    int i = 0,cnt = 0;
    while(i<strlen(k)-1)
    {
        if(k[i] == m[0]&&k[i+1] == m[1]) cnt++;
        i++;
    }
    return cnt;
}
str::str(char * p,char * sub)
{
    strcpy(k,p);
    strcpy(m,sub);
}
```

🖥 **程序运行结果（图 12-7）**

图 12-7　C++ 12-07. CPP 运行结果

☎ **知识要点分析**

- strcpy(k,p)把字符串复制给 k,strcpy(m,sub)把子串复制给 m。
- if(k[i] == m[0]&&k[i+1] == m[1])子串与原串进行比较,找相同的字符。

12.4.8　构造函数与指针变量

📖 **案例描述**

一个 3 行 5 列的二维数组,利用构造函数和指针计算每行的和,通过析构函数把求和结果写入文本文件 QH. TXT 中,保存程序文件名为 C++ 12-08. CPP。

✍ **案例实现**

```cpp
#include < iostream >
#include < fstream >
using namespace std;
class sumdata
{
private:
    int k[3][5],sum[3];
public:
    sumdata(int * p)
    {
        int i,j,s;
        for(i = 0;i < 3;i ++ )
        {
            s = 0;
            for(j = 0;j < 5;j ++ )
            {
                s += * p;
                p ++ ;
            }
            sum[i] = s;
        }
    }
    ~sumdata()
    {
        ofstream fp;
        fp.open("QH.TXT",ios::out);
        int i;
        for(i = 0;i < 3;i ++ )
```

```
        {
            fp << sum[i] <<' ';
            cout <<"sum["<< i <<"] = "<< sum[i] << endl;
        }
        fp.close();
    }
};
void main()
{
    int a[3][5] = {1,2,3,4,5,6,7,8,9,10,11,12,13,14,15};
    int * p;
    p = &a[0][0];
    class sumdata n(p);
}
```

🖳 **程序运行结果**(图 12-8)

图 12-8　C++ 12-08.CPP 运行结果

☎ **知识要点分析**

● 通过指针变量,将参数传递给构造函数。

● 通过析构函数存储数据结果。

12.5 本章课外实验

1. 通过类与对象,定义公共的成员,输入两个学生的学号、姓名、成绩,然后输出,保存程序文件名为 C++ 12-KS01.CPP,最终效果如图 12-9 所示。

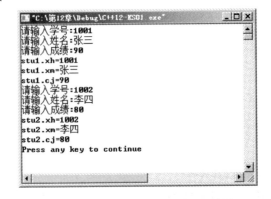

图 12-9　C++ 12-KS01.CPP 运行结果

2. 通过成员函数,求字符串的长度,不能使用 strlen 函数,保存程序文件名为 C++ 12-KS02.CPP,最终效果如图 12-10 所示。

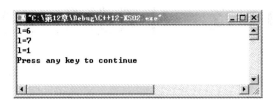

图 12-10　C++ 12-KS02.CPP 运行结果

3. 通过有参和无参的构造函数重载求三个数的最大数,保存程序文件名为 C++ 12-KS03.CPP,最终效果如图 12-11 所示。

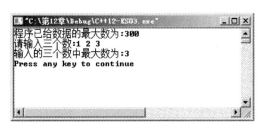

图 12-11　C++ 12-KS03.CPP 运行结果

4. 一个 3 行 5 列的二维数组,用数组成员和成员函数求每行的最大数,通过析构函数将结果保存到 MAX.TXT 文件中,保存程序文件名为 C++ 12-KS04.CPP。

5. 利用类和对象,通过成员函数从文本文件 SUM.TXT 中读取若干个数,然后对这些数求和,把求和的结果利用成员函数再写回到 SUM.TXT 中,保存程序文件名为 C++ 12-KS05.CPP。

6. 输入一行字符串,通过类与对象和成员函数,对字符串进行大小写转换,保存程序文件名为 C++ 12-KS06.CPP。

第 13 章 对象数组与指针

本章说明：

数组的元素可以是基本数据类型的数据,也可以是用户自定义数据类型的数据,对象数组就是指数组的元素是对象。若一个类中有若干个对象,就可以定义一个数组来存放这个类的每个对象。

对象指针指的是一个对象在内存中的首地址。取得一个对象在内存中首地址的方法与取得一个变量在内存中首地址的方法一样。

本章主要内容：

➢ 对象数组的声明
➢ 对象指针的使用
➢ this 指针
➢ 静态成员
➢ 友元

📖 **本章拟解决的问题：**

1. 如何声明对象数组?
2. 如何引用对象数组?
3. 如何给对象数组赋值?
4. 如何使用对象指针引用对象成员?
5. 如何使用 this 指针?
6. 如何使用静态数据成员?
7. 如何在类中使用静态成员函数?
8. 如何在类中声明友元函数?
9. 如何声明友元类?

13.1 对象数组

13.1.1 对象数组的声明

数组的元素可以是基本数据类型的数据,也可以是用户自定义数据类型的数据,对象数组就是指数组的元素是对象,各个元素属于同一个类。也就是说,若一个类中有若干个对象,就可以定义一个数组来存放这个类的每个对象,声明对象数组的一般形式如下:

类名　数组1,数组2,…

其中,类名指出该对象数组的元素所在的类;用下标给出数组的维数和大小。例如
student k[3];定义了一个二维对象数组 k,它含有 3 个属于 student 类的对象。

13.1.2　对象数组的引用

对象数组的赋值是通过对数组中的每一个元素的赋值来实现的。可以给它赋初值,
也可以被重新赋值。

对象数组的引用的形式是:

数组名[下标].数据成员

例如:

cout << k[0].xh << endl;

其中,xh 是 student 中的学号,也可以是成员函数。

13.2　对象指针

13.2.1　类的指针变量

类的指针变量是一个用于保存类对象在内存中的存储空间首地址的指针变量,它与
普通数据类型的指针变量有相同的性质,类的指针变量声明的形式如下:

类名　*指针变量名

例如声明类 student 的指针变量为:student * p;

13.2.2　对象指针

对象针指的是一个对象在内存中的首地址,取得一个对象在内存中的首地址的方法
与取得一个变量在内存中首地址的方法一样,都是通过取地址运算符 &。
例如:

student * p, k[3];
p = &k[0];

表达式 &k[0]取对象在内存中的首地址,并赋给指针变量 p,指针变量 p 就指向对象
k 在内存中的首地址。

13.2.3　this 指针

指针 this 是系统自动生成的、隐含于每个对象中的指针。当一个对象生成以后,系
统就为这个对象定义了一个 this 指针,它指向这个对象的地址。也就是说,每一个成员
函数都有一个 this 指针,当对象调用成员函数时,该成员函数的 this 指针便指向这个对

象。这样,当不同的对象调用同一个成员函数时,编译器将根据该成员函数的 this 指针指向的对象确定引用哪个对象的成员函数。因此,成员函数访问类中数据成员的形式为:

this－>成员变量

说明:

this 指针主要用在当成员函数中需要把对象本身作为参数传递给另一个函数的时候。

13.3 静态成员

静态成员是指类中用关键字 static 说明的那些成员,包括静态数据成员和静态成员函数。静态成员用于解决同一个类的不同对象之间数据和函数共享的问题,也就是说,不管这个类创建了多少个对象,这些对象的静态成员使用同一个内存空间,由该类的所有对象共同维护和使用。

13.3.1 静态数据成员

静态数据成员是指类中用关键字 static 说明的那些数据成员。

说明:

- 静态数据成员声明时,加关键字 static 说明。
- 静态数据成员必须初始化,但只能在类外进行,初始化的形式为:

数据类型 类名::静态数据成员名 = 值;

- 静态成员被声明为私有成员时,只能在类内直接引用,类外无法引用。
- 静态成员被声明为公有成员或保护成员时,可在类外通过类名来引用。
- 静态数据成员属于类,只能在类外通过类名对它进行引用,引用的一般形式为:

类名::静态数据成员名

13.3.2 静态成员函数

静态成员函数是指类中用关键字 static 说明的那些成员函数。它属于类,由同一个类的对象共同使用和维护,为这些对象所共享。

说明:

- 静态成员函数可以直接引用该类的静态数据成员和成员函数,不能直接引用非静态数据成员,如果要引用,必须通过参数传递的方式得到对象名,再通过对象名来引用。
- 作为成员函数,静态数据成员的访问受到类的严格控制。对于公有的静态成员函数,可以通过类名或对象名来调用;而对于普通的静态成员函数,只能通过对象名来调用。
- 静态成员函数可以在类内定义,也可以在类外定义。

- 系统限定静态成员函数为内部连接,这样,不会因与文件连接的其他同名函数相冲突,保证了静态成员函数的安全性。
- 静态成员函数中没有隐含 this 指针,调用时可用下面两种方法之一:

  类名::静态函数名()> 或 对象名::静态函数名()

- 静态成员函数不能访问类中的非静态成员,若要访问,只能通过对象名或指向对象的指针来访问这些非静态成员。

13.4 友元

友元提供了不同类或对象的成员函数之间、类的成员函数与一般函数之间进行数据共享的一种手段。通过友元这种方式,一个普通函数或类的成员函数可以访问封装在类内部的数据,外部通过友元可以看见类内部的一些属性。但这样做,会使数据的封装性受到削弱。

一个类中,声明为友元的外界对象可以是不属于任何类的一般函数,也可以是另一个类的成员函数,还可以是一个完整的类。

13.4.1 友元函数

友元函数是在类声明中用关键字 friend 说明的非成员函数,它不是当前类的成员函数,而是独立于当前类的外部函数,可以访问该类的所有对象的私有或公有成员,位置可以放在私有部分,也可放在公有部分。友元函数可定义在类内部,也可定义在类外部。

普通函数声明为友元函数的一般形式为:

friend <数据类型><友元函数名>(参数表);

说明:

- 由于友元函数不是成员函数,因此,在类外定义友元函数时,不必像成员函数那样,在函数名前加“类名::”。
- 友元函数不是类的成员,因而不能直接引用对象成员的名字,也不能通过 this 指针引用对象的成员,必须通过作为入口参数传递进来的对象名或对象指针来引用该对象的成员。
- 当一个函数需要访问多个类时,应该把这个函数同时定义为这些类的友元函数,这样,这个函数才能访问这些类的数据。

13.4.2 友元类

1. 友元类的概念

当一个类作为另一个类的友元时,称这个类为友元类。当一个类成为另一个类的友元类时,这个类的所有成员函数都成为另一个类的友元函数,因此,友元类中的所有成员函数都可以通过对象名直接访问另一个类中的私有成员,从而实现了不同类之间的数据共享。

2．友元类的声明

友元类声明的形式如下：

friend class <友元类名>； 或 **friend <友元类名>；**

友元类的声明可以放在类声明中的任何位置，这时，友元类中的所有成员函数都成为友元函数。

说明：

- 友元关系是不能传递的。
- 友元关系是单向的。

13.5 本章教学案例

13.5.1　用对象数组处理三个学生的成绩

📖 **案例描述**

定义对象数组，将"1001，张三，70"，"1002，李四，80"，"1003，王五，90"三个同学赋给对象数组，然后将这三个同学的成绩求和并输出，保存程序文件名为 C++ 13-01. CPP。

✍ **案例实现**

```cpp
#include <iostream>
using namespace std;
class student
{
private:
    char xh[5],xm[5];
    float cj;
public:
    student(char x[],char y[],float z);
    float stu();
};
void main()
{
    student k[3] = {student("1001","张三",70),student("1002","李四",90),student("1003",
"王五",80)};
    int i,s = 0;
    for(i = 0;i < 3;i ++)
    {
        s += k[i].stu();
    }
    cout <<"s = "<< s << endl;
}
student::student(char x[],char y[],float z)
{
```

对象数组与指针 ———

```
    strcpy(xh, x);                  //将传递过来的学号复制给 xh
    strcpy(xm, y);                  //将传递过来的姓名复制给 xm
    cj = z;
}
float student∷stu()
{
    return cj;
}
```

📟 **程序运行结果(图 13-1)**

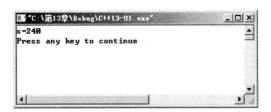

图 13-1   C++ 13-01.CPP 运行结果

☎ **知识要点分析**

- student k[3]定义对象数组,并给对象数组赋值。
- s += k[i]. stu()调用成员函数,并通过成员函数返回成绩进行求和。

13.5.2　用对象数组求梯形的面积

📖 **案例描述**

通过对象数组,输入三个梯形的上底、下底和高,然后通过成员函数求面积,保存程序文件名为 C++ 13-02. CPP。

✍ **案例实现**

```
#include <iostream>
using namespace std;
class txdata
{
private:
    float a, b, h;
public:
    void txin(txdata &tx);
    float txmj(txdata &tx);
};
void main()
{
    txdata tx[3];                   //定义数组对象
    int i;
    float s[3];
    for(i = 0;i < 3;i++)
    {
```

```
        tx[i].txin(tx[i]);                    //没有构造函数,调用成员函数输入
        s[i] = tx[i].txmj(tx[i]);
        cout <<"s["<< i <<"] = "<< s[i]<< endl;
    }
}
void txdata∷txin(class txdata &tx)
{
    cout <<"请输入上底 a: ";
    cin >> tx.a;
    cout <<"请输入下底 b:";
    cin >> tx.b;
    cout <<"请输入高:";
    cin >> tx.h;
}
float txdata∷txmj(txdata &tx)
{
    return (a+b) * h/2;
}
```

🖳 **程序运行结果（图 13-2）**

图 13-2 C++ 13-02.CPP 运行结果

☏ **知识要点分析**

- voidtxin(txdata &tx)定义输入数据的成员函数。
- s[i] = tx[i].txmj(tx[i])调用数组对象的成员函数求面积。

13.5.3 用对象数组指针计算三个学生成绩的和

📖 **案例描述**

通过对象数组和指针,输出三个学生的学号、姓名、成绩,并将三个学生的成绩求和输出,保存程序文件名为 C++ 13-03.CPP。

✎ **案例实现**

```
#include < iostream >
using namespace std;
class student
```

```cpp
{
public:
    char xh[5];
    char xm[10];
    float cj;
public:
    student(char pxh[], char pxm[], float pcj);
};
void main()
{
    student stu[3] = {student("1001","张三",80),student("1002","李四",90),student("1003","王
五",70)};
    student * p;
    int i,sum = 0;
    p = &stu[0];
    for(i = 0;i < 3;i ++ )
    {
        //指针的第一种用法:
        /*
        cout <<"学号 = "<<( * (p+i)).xh << endl;
        cout <<"姓名 = "<<( * (p+i)).xm << endl;
        cout <<"成绩 = "<<( * (p+i)).cj << endl;
        sum += ( * (p+i)).cj;
        */
        //指针的第二种用法:
        /*
        cout <<"学号 = "<<( * p).xh << endl;
        cout <<"姓名 = "<<( * p).xm << endl;
        cout <<"成绩 = "<<( * p).cj << endl;
        sum += ( * p).cj;
        p ++ ;
        */
        //指针的第三种用法:
        cout <<"学号 = "<< p -> xh << endl;
        cout <<"姓名 = "<< p -> xm << endl;
        cout <<"成绩 = "<< p -> cj << endl;
        sum += p -> cj;
        p ++ ;
    }
    cout <<"总分为:"<< sum << endl;
}
student::student(char pxh[],char pxm[],float pcj)
{
    strcpy(xh,pxh);
    strcpy(xm,pxm);
    cj = pcj;
}
```

程序运行结果（图 13-3）

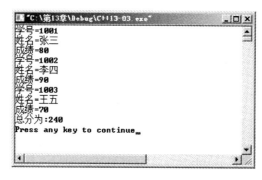

图 13-3　C++ 13-03. CPP 运行结果

☎ **知识要点分析**

● student ＊p 定义对象指针。

● 对象指针引用成员有三种表示方法。

13.5.4　用常成员和常函数计算梯形的面积

📖 **案例描述**

输入梯形的上底、下底和高,通过常成员和常成员函数求梯形的面积,保存程序文件名为 C++ 13-04. CPP。

✍ **案例实现**

```cpp
#include<iostream>
using namespace std;
class txdata
{
private:
    float sd,xd;
    const float h;                      //常成员
public:
    txdata(float ,float ,float );
    float mj() const;                   //常成员函数
};
txdata∷txdata(float a,float b,float g):sd(a),xd(b),h(g)
{
}
float txdata∷mj() const
{
    return (sd+xd)*h/2;
}
void main()
{
    float a,b,c;
    cout<<"请输入梯形的上底、下底和高:";
    cin>>a>>b>>c;
    txdata t1(a,b,c);
```

```
    cout <<"梯形的面积是 : "<< t1.mj()<< endl;
}
```

💻 程序运行结果(图 13-4)

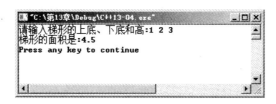

图 13-4　C++ 13-04.CPP 运行结果

☏ 知识要点分析

- txdata∷txdata(float a, float b, float g): sd(a), xd(b), h(g) 通过初始化列表赋初值。
- floattxdata∷mj() const 创建常成员函数。

13.5.5　用静态成员求梯形的面积

📖 案例描述

输入梯形上底、下底和高,通过静态数据成员及静态成员函数求梯形面积,保存程序文件名为 C++ 13-05.CPP。

✍ 案例实现

```cpp
#include < iostream >
using namespace std;
class txdata
{
private:
    static float sd, xd, h;            //定义静态成员
public:
    static float area();               //定义静态成员函数
    txdata(float a, float b, float c)
    {
        sd = a;
        xd = b;
        h = c;
    }
};
float txdata∷area()
{
    return (sd＋xd) * h/2;
}
//对静态成员进行初始化
float txdata∷sd = 0;
float txdata∷xd = 0;
float txdata∷h = 0;
void main()
```

```
{
    float a,b,c;
    cout <<"请输入梯形的上底:";
    cin >> a;
    cout <<"请输入梯形的下底:";
    cin >> b;
    cout <<"请输入梯形的高:";
    cin >> c;
    txdata(a,b,c);
    cout <<"梯形的面积为"<< txdata::area()<< endl;
}
```

🖳 程序运行结果(图 13-5)

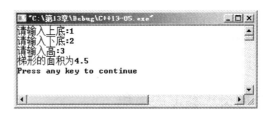

图 13-5 C++ 13-05.CPP 运行结果

☎ 知识要点分析

- 静态成员必须进行初始化。
- txdata(a,b,c)调用构造函数传递三个参数。

13.5.6 用友元函数输出最大数和最小数

📖 案例描述

通过两个类,求三个数中的最大数和最小数,通过友元函数,将最大数和最小数输出,保存程序文件名为 C++ 13-06.CPP。

✍ 案例实现

```
#include < iostream >
#include < fstream >
using namespace std;
class maxdata
{
private:
    int a,b,c;
public:
    maxdata(int x,int y,int z)
    {
        a = x;
        b = y;
        c = z;
    }
    friend void putmax(maxdata &datamax);  //定义友元函数
};
```

172

```
class mindata
{
private:
    int d,e,f;
public:
    mindata(int x,int y,int z)
    {
        d = x;
        e = y;
        f = z;
    }
    friend void putmin(mindata &datamin);
};
void main()
{
    int g,h,i;
    cout <<"请输入三个数:";
    cin >> g >> h >> i;
    maxdata m(g,h,i);
    mindata n(g,h,i);
    putmax(m);
    putmin(n);
}
void putmax(maxdata &datamax)
{
    if(datamax.a > = datamax.b&&datamax.a > = datamax.c)
        cout <<"最大值为"<< datamax.a << endl;
    else if(datamax.b > = datamax.a&&datamax.b > = datamax.c)
        cout <<"最大值为"<< datamax.b << endl;
    else if(datamax.c > = datamax.a&&datamax.c > = datamax.b)
        cout <<"最大值为"<< datamax.c << endl;
}
void putmin(mindata &datamin)
{
    if(datamin.d < = datamin.e&&datamin.d < = datamin.f)
        cout <<"最小值为"<< datamin.d << endl;
    else if(datamin.e < = datamin.d&&datamin.e < = datamin.f)
        cout <<"最小值为"<< datamin.e << endl;
    else if(datamin.f < = datamin.d&&datamin.f < = datamin.e)
        cout <<"最小值为"<< datamin.f << endl;
}
```

🖳 程序运行结果(图 13-6)

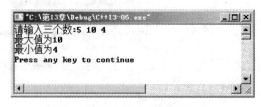

图 13-6   C++ 13-06.CPP 运行结果

☎ **知识要点分析**

● 定义两个类及相互关系。
● 友元函数的创建与调用。

13.6 本章课外实验

1. 通过对象数组,求三个梯形的面积,保存程序文件名为 C++ 13-KS01.CPP,最终效果如图 13-7 所示。

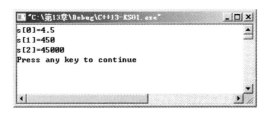

图 13-7　C++ 13-KS01.CPP 运行结果

2. 通过对象指针,输出三个学生的学号、姓名、成绩,并将三个学生的成绩求和输出,保存程序文件名为 C++ 13-KS02.CPP,最终效果如图 13-8 所示。

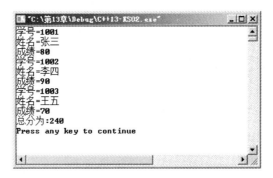

图 13-8　C++ 13-KS02.CPP 运行结果

3. 输入梯形上底、下底和高,其中高定义为静态数据成员,求梯形面积,保存程序文件名为 C++ 13-KS03.CPP,最终效果如图 13-9 所示。

4. 输入三个数,通过友元函数求三个数的和,保存程序文件名为 C++ 13-KS04.CPP,最终效果如图 13-10 所示。

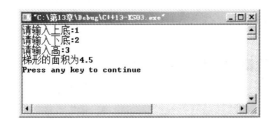

图 13-9　C++ 13-KS03.CPP 运行结果

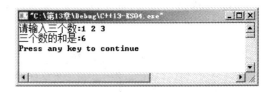

图 13-10　C++ 13-KS04.CPP 运行结果

第14章 运算符重载

本章说明：

运算符重载,就是对已有的运算符进行重新定义,使它能够用于特定的数据类型完成复数、分数等数据对象的加、减、乘、除等操作。

本章主要内容：

➢ 运算符重载概述
➢ 运算符重载与成员函数
➢ 运算符重载与友元函数
➢ 成员运算符函数与友元运算符函数的比较

📖 **本章拟解决的问题：**

1. 什么是运算符重载?
2. 进行运算符重载的格式是什么?
3. 怎样对运算符进行重载?
4. 运算符重载的方法有哪些?
5. 成员函数与友元函数的区别有哪些?

14.1 运算重载概述

在 C++ 中,所有的系统预定义运算符都是通过运算符函数来实现的。运算重载就是把传统的运算符用于用户自定义的对象,即对一个已有的函数赋予新的含义,类似于函数重载。

14.1.1 运算符重载

自然直观可提高程序的可读性,体现了 C++ 的可扩充性。

运算重载时不是所有的 C++ 运算符都可以被重载。

C++ 中可重载的运算符如表 14-1 所示。

表 14-1 C++ 中可以重载的运算符

序号	运算符	序号	运算符	序号	运算符	序号	运算符	序号	运算符	序号	运算符	序号	运算符
1	＋	7	&	13	>	19	^ =	25	<< =	31	||	37	[ ]
2	－	8	|	14	+=	20	& =	26	==	32	++	38	( )
3	*	9	~	15	-=	21	| =	27	! =	33	--	39	new
4	/	10	!	16	* =	22	<<	28	<=	34	—》*	40	new[ ]
5	％	11	=	17	/ =	23	>>	29	>=	35	,	41	delete
6	^	12	<	18	％ =	24	>	30	& &	36	—》	42	delete[ ]

C++中不能重载的运算符有 . 、. * 、:: 、?: 、sizeof

说明：

- 不允许用户定义新的运算符，只能对上面所列举的运算符进行重载。
- 不能改变重载运算符运算的对象个数，即操作数。
- 能改变该运算符用于基本数据类型时的含义。
- 不能改变运算符的优先级别、结合性和语法结构。
- 不能使用默认参数。
- 应与原运算符的功能类似，不能有二义性，其参数至少有一个是类对象（或类对象的引用）。
- 经运算重载的运算符，其操作数中至少应该有一个是自定义类型。

14.1.2 运算符重载定义

一般作为类的成员函数或友元函数对运算符进行运算重载。

必要性：C++中预定义的运算符其运算对象只能是基本数据类型，而不适用于用户自定义类型（如类）。

实现机制：将指定的运算表达式转化为对运算符函数的调用，运算对象转化为运算符函数的实参。

编译机制：对重载运算符的选择遵循函数重载的选择原则。

14.1.3 运算符重载格式

C++的运算符重载方法为设计不同类对象的同一行为提供了非常有效和方便的手段。
运算符重载是通过对运算符函数的重载实现的，运算符函数重载的语法为：

```
<类型><类名> operator <重载运算符>(形参表)
{
    //函数体
}
```

Operator 为关键字，用于定义重载的运算符函数。

14.2 运算符重载与成员函数

以成员函数的方式重载运算符：

（1）单目运算符：不带参数，该类对象为唯一操作数。

（2）双目运算符：带一个参数，该类对象为左操作数，形参为右操作数。

重载为类的成员函数时，在类中声明，在类外定义，类中声明的一般格式为：

```
<类型> operator <重载运算符>(形参表);
```

类外定义的一般格式为：

```
<类型><类名::> operator <重载运算符>(形参表)
```

```
{
    //函数体
}
```

14.2.1　单目运算符重载为成员函数

单目运算符重载为成员函数时,操作数是访问该重载运算符的对象本身的数据。由 this 指针指出,此时没有一个参数。

单目运算符只有一个操作数,因此运算符重载函数只有一个参数。如果作为成员函数重载时,则没有参数。若作为友元函数重载时,参数为自定义类的对象或对象的引用。

常见的单目运算符有自增"++"和自减"--",它们既可以前置也可后置,只在重载时稍有差异。以自增"++"为例,对于前置自增"++"和后置自增"++"二者的区别,前者是先自加,返回的是修改后的对象本身。后者返回的是自加前的对象,然后对象自加。

（1）前置"++"运算符时,函数格式为:

```
<类型><类名>::operator ++()
{
    //函数体
}
```

（2）后置"++"运算符时,函数格式为:

```
<类型><类名>::operator ++(int)
{
    //函数体
}
```

可以看到,在后置自增运算符中,后置"++"转换为函数调用@.operator++(0),形参 int 仅用于区分前置还是后置,此外没有任何作用,可以给出一个变量名,也可以省略。

使用成员函数重载单目运算符的两种等价的函数调用方法如下:
- 显式调用:对象名.operator <重载运算符>(参数),如 aa.operator++();
- 隐式调用:对象名运算符对象名,如:aa++;

14.2.2　双目运算符重载为成员函数

双目运算符重载为成员函数时,左操作数是访问该重载运算符的对象本身的数据。此时只有一个参数。

如:

```
X operator(A &a)
{
    X k;
    k. i=i+a.i;
    return k;
}
```

使用成员函数重载双目运算符的两种等价的函数调用方法如下:

（1）显式调用：对象名. operator <重载运算符>(对象名)，如 aa. operator＋(bb)；。

（2）隐式调用：对象名<重载运算符>对象名，如 aa＋bb；。

14.3 运算符重载与友元函数

将重载的运算符函数定义为类的友元函数，称为友元运算符重载函数。将运算符重载为类的友元函数的方法是定义一个与某一运算符函数同名的全局函数（即对某个运算符函数重载），然后再将该全局函数声明为类的友元函数，从而实现运算符的重载。

由于它不是类的成员函数，不属于任何一个类对象，所以没有 this 指针，因此重载二元运算符时要有两个参数，重载一元运算符时要有一个参数。

在类内声明的一般格式为：

friend <类型> operator <重载运算符>(形参表)；

在类内声明的一般格式为：

<类型> operator <重载运算符>(形参表)
```
{        .
    //函数体
}
```

14.3.1 单目运算符重载为友元函数

单目运算符作为友元函数重载时，参数为自定义类的对象或对象的引用。

单目运算符自增"＋＋"和自减"－－"作为友元函数被重载。

（1）前置"＋＋"运算符时，函数格式为：

<类型><类名>∷operator ＋＋(<类名> &)
```
{
    //函数体
}
```

（2）后置"＋＋"运算符时，函数格式为：

<类型><类名>∷operator ＋＋(<类名> & , int)
```
{
    //函数体
}
```

后置"＋＋"转换为函数调用 operator＋＋(@,0)。

使用友元函数重载单目运算符有两种等价的函数调用方法如下：

（1）显式调用：对象名 operator <重载运算符>(参数)，如 operator＋＋(aa)；。

（2）隐式调用：对象名<重载运算符>对象名，如：＋＋aa；。

14.3.2 双目运算符重载为友元函数

双目运算符（也称二元运算符）是 C++中常用的运算符。双目运算符通常在其左右两侧有两个操作数,所以重载双目运算符时在函数中应有两个参数。其形参作为参加运算的对象或数据,形参有且只有一个。

使用友元函数重载双目运算符的两种等价的函数调用方法如下:

(1) 显式调用:对象名. operator <重载运算符>(参数 1,参数 2),如 operator＋(aa, bb);。

(2) 隐式调用:对象名<重载运算符>对象名,如 aa＋bb;。

14.4 成员运算符函数与友元运算符函数的比较

14.4.1 定义的差别

运算符重载采用友元函数方式和成员函数方式在定义的时候是有差别的,具体差别见表 14-2。

表 14-2 友元运算符和成员运算符

	友元运算符函数	成员运算符函数
单目运算符	带有一个参数,用于表示表达式的唯一操作数	无参数
双目运算符	类成员,没有 this 指针,必须有两个参数,用于表达式的左、右操作数	类成员,有 this 指针,只需一个参数,用于表示表达式的右操作数

14.4.2 调用的差别

无论是使用成员函数还是友元函数对运算符进行重载,调用它们的表达式形式是一致的,而调用它们的函数形式是有差别的,具体的差别见表 14-3。

表 14-3 友元函数和成员函数调用差别

表达式形式	友元函数调用形式	成员函数调用形式
a@ b	Operator @(a,b)	a. operator @(b)
@ b	operator @(a)	a. operator @()
a@	operator @(a,0)	a. operator @(0)

14.5 本章教学案例

14.5.1 使用运算符重载,求复数的差

📖 **案例描述**

通过运算符"－"重载,求复数与复数的差,保存程序文件名为 C++ 14-01. CPP。

✎ **案例实现**

```
# include < iostream >
using namespace std;
```

```
class Complex
{
private:
    double x,y;
public:
    Complex(double px = 0,double py = 0)        //为无参的时候准备值,赋予初始值,或者可以用
                                                //构造函数重载使其有初始值
    {
        x = px;
        y = py;
    }
    Complex operator -(Complex &m)              //给 n1,n2 的值,给的对象则定义为 fs 型
    {
        return Complex(x-m.x,y-m.y);            //输出给 n3 的值,则定义为 fs 型
    }
    void sc()
    {
        cout <<"a3("<< x <<","<< y <<")"<< endl;
    }
};
void main()
{
    Complex a1(6,3),a2(2,4),a3;
    a3 = a2-a1;
    a3.sc();
}
```

程序运行结果(图 14-1)

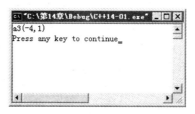

图 14-1　C++ 14-01.CPP 运行结果

知识要点分析

本案例采用成员方式,对"一"运算符重载,使得其能够计算复数与复数的差。

14.5.2　使用运算符重载,求复数与实数的差

案例描述

通过运算符"一"重载,求复数与实数的差,保存程序文件名为 C++ 14-02.CPP。

案例实现

```
#include <iostream>
using namespace std;
class Complex
```

```
{
private:
    double x, y;
public:
    Complex(double px = 0, double py = 0)
    {
        x = px;
        y = py;
    }
    Complex operator - (int &m)
    {
        return Complex(x - m, y);
    }
    void sc()
    {
        cout << "n1(6, 3)" << endl;
        cout << "n2 = n1 - a" << endl;
        cout << "n2 = (" << x << ", " << y << ")" << endl;
    }
};
void main()
{
    int a;
    cout << "请输入 a:";
    cin >> a;
    Complex n1(6, 3), n2;
    n2 = n1 - a;
    n2.sc();
}
```

🖳 **程序运行结果（图 14-2）**

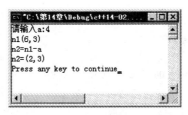

图 14-2 C++ 14-02. CPP 运行结果

☎ **知识要点分析**

本案例采用成员方式，对"＋"和"－"运算符重载，使得其能够计算复数与实数的差。

14.5.3 通过运算符 <, >, == 重载，比较两个字符串的大小

📖 **案例描述**

通过对"<"，">"，"=="运算符重载，实现字符串的大小比较，保存程序文件名为
C++ 14-03. CPP。

✍ **案例实现**

```cpp
# include < iostream >
# include < string >
using namespace std;
class St
{
private:
    char * p;
public:
    St()
    {
        p = NULL;
    }
    St(char * str)
    {
        p = str;          .
    }
    bool operator >(St & str1)
    {
        if(strcmp(str1.p, p)> 0)
            return true;
        else
            return false;
    }
    bool operator <(St & str1)
    {
        if(strcmp(str1.p, p)< 0)
            return true;
        else
            return false;
    }
    bool operator = = (St & st1)
    {
        if(strcmp(st1.p, p) = = 0) return true;
        else return false;
    }
};
void main()
{
    St string1("Hello"), string2("Book");
    / * cout <<"请输入第一个字符串"<< endl;
    cin >> string1;
    cout <<"请输入第二个字符串"<< endl;
    cin >> string2; * /
    cout <<(string1 > string2)<< endl;
    cout <<(string1 < string2)<< endl;
```

```
        cout <<(string1 == string2)<< endl;
}
```

📟 程序运行结果（图 14-3）

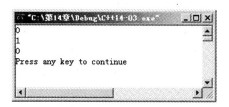

图 14-3　C++ 14-03. CPP 运行结果

☏ 知识要点分析

本案例采用成员函数方式,对括号"<,>, = = "运算符重载,使其具有比较字符串的功能,成立值为 1,不成立值为 0。

14.5.4　重载调用运算符()

📖 案例描述

通过定义成员函数,对括号"()"运算符重载,保存程序文件名为 C++ 14-04. CPP。

✍ 案例实现

```cpp
# include < iostream >
using namespace std;
class demo
{
public:
    double operator()(double x, double y);
    double operator()(double x, doubley, double z);
};
double demo::operator()(double x, double y)
{
    return x > y?x:y;
}
double demo::operator()(double x, doubley, double z)
{
    return (x＋y) * z;
}
void main()
{
    demo de;
    cout << de(2.5,0.2)<< endl;
    cout << de(1.2,1.5,7.0)<< endl;
}
```

💻 **程序运行结果（图 14-4）**

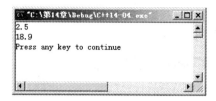

图 14-4　C++ 14-04.CPP 运行结果

☎ **知识要点分析**

本案例采用成员方式，对下标"（ ）"运算符重载，当两个参数时求最大值，三个参数时，计算第一个与第二个的和再乘以第三个数。

14.5.5　重载下标运算符

📖 **案例描述**

通过对下标"［ ］"运算符重载，实现下标引用功能，保存程序文件名为 C++ 14-05.CPP。

✒ **案例实现**

```cpp
#include<iostream>
using namespace std;
classcharsz
{
private:
    intlen;
    char * pbuf;
public:
    charsz(int l)
    {
        len = l;
        pbuf = new char[len];
    }
    ~charsz()
    {
        deletepbuf;
    }
    intgetlen()
    {
        returnlen;
    }
    char&operator[](int i);
};
char&charsz::operator[](int i)
{
    static char def = '\0';
    if(i<len&& i>=0)
        returnpbuf[i];
    else
```

184

```
        {
            cout <<"下标越界"<< endl;
            returndef;
        }
}
int main()
{
    intcnt = 0;
    charsz de(7);
    char *  sz = "Hello";
    for(;cnt <(strlen(sz)+1);cnt ++)
        de[cnt] = sz[cnt];
    for(cnt = 0;cnt < de.getlen();cnt ++)
        cout << de[cnt];
    cout << endl;
    return 0;
}
```

💻 **程序运行结果（图 14-5）**

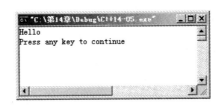

图 14-5　C++ 14-05.CPP 运行结果

☎ **知识要点分析**

本案例采用成员函数方式，对下标"[ ]"运算符重载，使其具有下标引用功能。

14.5.6　重载复数加法（＋）和赋值（＝）

📖 **案例描述**

通过对加法（＋）和赋值（＝）运算符重载，使其能够对复数类做加法和赋值，保存程序文件名为 C++ 14-06.CPP。

✍ **案例实现**

```
# include < iostream >
using namespace std;
class complex
{
    float real;
    float image;
public:
    complex operator+(complex right);
    complex operator = (complex right);
    void set_complex(float re, float im);
    void put_complex(char  * name);
};
```

```cpp
complex complex∷operator＋(complex right)
{
    complex temp;
    temp.real = this -> real＋right.real;
    temp.image = this -> image＋right.image;
    return temp;
}
complex complex∷operator = (complex right)
{
    this -> real = right.real;
    this -> image = right.image;
    return ＊this;
}
void complex∷set_complex(float re,float im)
{
    real = re;
    image = im;
}
void complex∷put_complex(char ＊ name)
{
    cout << name <<": ";
    cout << real <<' ';
    if(image >= 0.0) cout <<'＋';
    cout << image <<"i\n";
}
void main()
{
    complex A,B,C;
    A.set_complex(1.2,0.3);
    B.set_complex(－0.5,－0.8);
    A.put_complex("A");
    B.put_complex("B");
    C = A;
    C.put_complex("C = A");
    C = A＋B;
    C.put_complex("C = A＋B");
    return;
}
```

💻 **程序运行结果**（图 14-6）

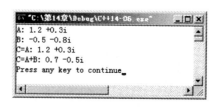

图 14-6   C++ 14-06.CPP 运行结果

☎ **知识要点分析**

本案例采用成员函数方式,通过运算符重载,实现了复数类对象的加法（＋）和赋值
（＝）操作。

14.5.7 用友元函数重载运算符

案例描述

通过对加法（＋）、减法（－）、乘法（＊）、除法（/）运算符重载，来实现复数类对象的相关操作，保存程序文件名为 C++ 14-07. CPP。

案例实现

```cpp
#include<iostream.h>
//using namespace std;
class complex
{
private:
    double real,imag;
public:
    complex(double r = 0.0,double i = 0.0)
    {
        real = r;
        imag = i;
    }
    friend complex operator ＋(const complex &,const complex &);
    friend complex operator －(const complex &,const complex &);
    friend complex operator ＊(const complex &,const complex &);
    friend complex operator /(const complex &,const complex &);
    voiddisp()
    {
        cout <<"("<< real <<" ,  "<< imag <<"i"<<")"<< endl;
    }
};
complex operator ＋(const complex & C1,const complex & C2)
    {
        return complex(C1.real＋C2.real,C1.imag＋C2.imag);
    }
complex operator －(const complex & C1,const complex & C2)
    {
        return complex(C1.real－C2.real,C1.imag－C2.imag);
    }
complex operator ＊(const complex & C1,const complex & C2)
    {
        return complex(C1.real ＊ C2.real－C1.imag ＊ C2.imag,C1.real ＊ C2.imag＋C1.imag ＊
C2.real);
    }
complex operator /(const complex & C1,const complex & C2)
    {
        return complex((C1.real ＊ C2.real＋C1imag＋C2.imag)/(C2.real ＊ C2.real＋C2.imag ＊ C2.
imag),(C1.imag ＊ C2.real－C1.real ＊ C2.imag)/(C2.real ＊ C2.real＋C2.imag ＊ C2.imag));
    }
void main()
{
    complex aa1(1.0,2.0),aa2(3.0,4.0),KK;
```

```
KK = aa1＋aa2;
KK.disp();
KK = aa1－aa2;
KK.disp();
KK = aa1 ＊ aa2;
KK.disp();
KK = aa1/aa2;
KK.disp();
}
```

🖳 程序运行结果（图14-7）

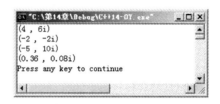

图 14-7　C++ 14-07. CPP 运行结果

☎ 知识要点分析

本案例采用友元函数方式，实现了加法（＋）、减法（－）、乘法（＊）、除法（/）运算符重载，使其能够进行复数类对象的"＋"，"－"，"＊"，"/"运算。

14.5.8　用友元函数方式重载插入运算符"<<"

📖 案例描述

通过对运算符重载，来实现复数类对象的输出功能，保存程序文件名为 C++ 14-08. CPP。

✍ 案例实现

```cpp
＃include＜iostream＞
using namespace std;
class Complex
{
private:
    double x, y;
public:
    Complex(double px = 0, double py = 0)        //为无参的时候准备值,赋予初始值,或者可以用
                                                 //构造函数重载使其有初始值

    {
        x = px;
        y = py;
    }
    friend ostream & operator <<(ostream & out, Complex &c1)    //返回值为输出流类型
    {
        out <<"("<< c1. x <<","<< c1. y <<")";                 //向输出流中 out 插入数据
        return out;
    }
};
void main()
```

```
{
    Complex a1(6,3);
    cout <<"a1:"<< a1 << endl;
}
```

☎ **知识要点分析**

本案例采用友元函数方式,实现了插入运算符"<<"重载,使其能够对复数类对象直接输出。

14.6 本章课外实验

1. 采用成员方式,通过运算符"-"重载,求两个复数的差,通过运算符"+"重载,求两个复数的和,并输出结果,主函数输入两个复数的实部和虚部,并将结果输出,保存程序文件名为 C++ 14-KS01.CPP,最终效果如图 14-8 所示。

2. 定义一个对象(Sample),其含有一个数据成员(x),再采用成员方式,对自增(++)运算符重载,可以实现 Sample 对象的自增运算,并将结果输出,保存程序文件名为 C++ 14-KS02.CPP,最终效果如图 14-9 所示。

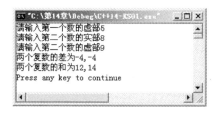
图 14-8　C++ 14-KS01.CPP 运行结果

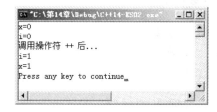
图 14-9　C++ 14-KS02.CPP 运行结果

3. 采用成员函数方式,通过运算符"+","-","*","/"重载,求两个复数对象的和、差、积、商,并将结果输出,保存程序文件名为 C++ 14-KS03.CPP,最终效果如图 14-10 所示。

4. 采用友元函数方式,通过"<<"和">>"运算符重载,实现对复数类对象的直接输入输出,保存程序文件名为 C++ 14-KS04.CPP,最终效果如图 14-11 所示。

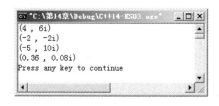
图 14-10　C++ 14-KS03.CPP 运行结果

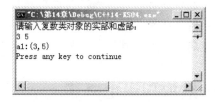
图 14-11　C++ 14-KS04.CPP 运行结果

第 15 章 继承与派生

本章说明：

  从已有的对象类型出发建立一种新的对象类型,使它继承原对象类型的特点和功能,这种思想是面向对象设计方法的主要贡献。

  通过对已有类进行特殊化(派生)来建立新的数据类型,就使得面向对象语言具有极大的能力和丰富的表现力。从概念上讲,类的派生创建了一种软件结构,它真实地反映了实际问题。从软件角度来看,类的派生创建了一种类族。派生类的对象也是基类的一种对象,它可以被用在基类对象所使用的任何地方。可以用多态成员函数调整这种关系,以便使派生类在某些地方与它的基类一致,而在别的地方表现出它自身的行为特征。

本章主要内容：

> ➤ 继承与派生概述
> ➤ 多重继承
> ➤ 虚基类与继承组合

📖 **本章拟解决的问题：**

1. 为什么要使用继承与派生?
2. 派生类如何声明?
3. 派生类怎样构成?
4. 如何控制派生类成员的访问属性?
5. 派生类的构造函数和析构函数是怎样执行的?
6. 多重继承的概念和意义是什么?
7. 基类与派生类的赋值能否兼容?
8. 引入虚基类的作用是什么?
9. 继承与组合有什么区别?

15.1 继承与派生概述

15.1.1 继承与派生的概念

  在 C++中,一个新类从已有的类获得其已有的特性,这种现象称为类的继承,也就是保持已有类的特性而构造新类的一个过程。在已有类的基础上新增自己的特性而产生新类的过程称为派生,也就是从已有的类产生一个新类的过程。被继承的已有类称为基类

（或父类），派生出的新类称为派生类（或子类）。

派生类继承了基类的所有数据成员和成员函数，并可以对成员作必要的增加或调整，一个基类可以派生出多个派生类，每一个派生类又可以作为基类再派生出新的派生类，因此基类和派生类是相对而言的。类的每一次派生，都继承了其基类的基本特征，同时又根据需要调整和扩充原有特征。

关于基类和派生类的关系，可以表述为：派生类是基类的具体化，而基类则是派生类的抽象。

几种继承的区别如下：

- 单继承：派生类只从一个基类派生。
- 多重继承：派生类从多个基类派生而来。
- 多重派生：由一个基类派生出多个不同的派生类。
- 多层派生：派生类又作为基类，继续派生新的类。

继承与派生的目的如下：

- 继承的目的：实现代码的重用。
- 派生的目的：当新的问题出现，原有程序无法解决（或不能完全解决）时，需要对原有程序进行升级改造。

15.1.2　派生类的声明方式

派生类定义的一般形式是：

```
class <派生类名>: <派生方式><基类名称>
{
    派生类成员声明；
};
```

说明：

- 继承方式关键字为 private、public 和 protected，分别表示私有继承、公有继承和保护继承。缺省的继承方式是私有继承。
- 继承方式规定了派生类成员对基类成员的访问权限和派生类对象对基类成员的访问权限。
- 派生类成员是指除了从基类继承来的成员以外，新增加的数据成员和成员函数。
- 通过在派生类中新增加成员来添加新的属性和功能，实现代码的复用和功能的扩充。

15.1.3　派生类的构成

派生类中的成员包括从基类继承过来的成员和自己增加的新成员两大部分。从基类继承的成员体现了派生类从基类继承而获得的共同特性，派生类自己新增加的成员体现了派生类的新功能。基类中包括数据成员和成员函数。

并不是简单地把基类的成员和派生类自己增加的成员组合在一起就是派生类，构造一个派生类需要做以下几部分工作：

- 从基类中接收原有成员。派生类把基类中全部的成员都接收过来,不能够选择(即使有些成员在派生类中根本用不到),过多无用的成员可能会造成数据的冗余,可是目前 C++标准中无法解决这个问题。所以我们只能根据派生类的需要谨慎地选择基类,使冗余量最小。
- 调整从基类中接收的成员。虽然在接收基类中成员时是不能选择的,但是程序员可以根据实际的需要对这些成员做适当的调整。例如,可以更改基类成员在派生类中的访问属性、功能等。
- 声明派生类时增加的成员。这部分内容是很重要的功能,因为它体现了派生类对基类功能的扩展,根据需要考虑应当增加的成员,以增强程序的功能。
- 在声明派生类时,一般还可以自己定义派生类的构造函数和析构函数,因为构造函数和析构函数是无法从基类中继承的。

15.1.4 派生类的访问权限

1. 公有继承

公有继承中,基类成员的可访问性在派生类中保持不变,即基类的私有成员在派生类中还是私有成员,不允许外部函数和派生类的成员函数直接访问,但可以通过基类的公有成员函数访问;基类的公有成员和保护成员在派生类中仍是公有成员和保护成员,派生类的成员函数可直接访问它们,而外部函数只能通过派生类的对象间接访问它们。

说明:
- 虽然派生类以公有的方式继承了基类,但并不是说派生类就可以访问基类的私有成员,基类无论怎样被继承,其私有成员对基类而言仍然保持私有性。
- 在派生类中声明的名字如果与基类中声明的名字相同,则派生类中的名字起支配作用。也就是说,若在派生类的成员函数中直接使用该名字的话,该名字是指在派生类中声明的名字。如果要使用基类中的名字,则应使用作用域运算符加以限定,即在该名字前加"基类名::"。
- 由于公有继承时,派生类基本保持了基类的访问特性,所以公有继承使用得最多。

2. 私有继承

私有继承中,派生类只能以私有方式继承基类的公有成员和保护成员,因此,基类的公有成员和保护成员在派生类中成为私有成员,它们能被派生类的成员函数直接访问,但不能被类外的函数访问,也不能在类外通过派生类的对象访问。另外,基类的私有成员派生类仍不能访问,因此,在设计基类时,通常都要为它的私有成员提供公有的成员函数,以便派生类和外部函数能间接地访问它们。

由于基类经过多次派生以后,其私有成员可能会成为不可访问的,所以用得比较少。

3. 保护继承

父类的 protected 和 public 成员在子类中为 protected 和 private 成员不变,不能被派生类对象直接调用,可间接被派生类函数和基类函数调用。保护继承也会降低成员访问权限,所以用得也比较少。

派生类根据继承方式的不同,对从基类继承来的成员的属性也不同。

无论哪种方式,基类中的私有成员不允许外部函数访问,也不允许派生类中的成员访问,但可以通过基类的公有成员访问。

公有派生、保护派生和私有派生的区别是基类中的公有成员在派生类中的属性不同:

(1) 公有派生时,基类中的所有公有成员在派生类中也都是公有成员。

(2) 保护派生时,基类中的所有公有成员和保护成员在派生类中是保护成员。

(3) 私有派生时,基类中的所有公有成员和保护成员在派生类中是私有成员。

15.1.5 派生类构造函数和析构函数的构建

1. 派生类构造函数和析构函数构建的原则

基类的构造函数和析构函数不能被派生类继承,需要在派生类中自行声明,派生类中需要声明自己的构造函数。

声明构造函数时,只需要对本类中新增成员进行初始化,对继承来的基类成员的初始化,自动调用基类的构造函数完成。

如果基类没有定义构造函数,派生类也可以不定义构造函数,全都采用缺省的构造函数,此时,派生类新增成员的初始化工作可用其他公有函数来完成。

如果基类定义了带有形参列表的构造函数,派生类就必须定义新的构造函数,提供一个将参数传递给基类构造函数的途径,以便保证在基类进行初始化时能获得必需的数据。

如果派生类的基类也是派生类,则每个派生类只需负责其直接基类的构造,不负责自己的间接基类的构造。

派生类是否要定义析构函数与所属的基类无关,如果派生类对象在撤销时需要做清理善后工作,就需要定义新的析构函数。

2. 派生类构造函数的构建

派生类的数据成员由所有基类的数据成员和派生类新增的数据成员共同组成,如果派生类新增成员中还有对象成员,派生类的数据成员中还间接含有这些对象的数据成员。因此,派生类对象的初始化,就要对基类数据成员、新增数据成员和对象成员的数据进行初始化。这样,派生类的构造函数需要以合适的初值作为参数,隐含调用基类的构造函数和新增对象成员的构造函数来初始化各自的数据成员,再用新加的语句对新增数据成员进行初始化。

派生类构造函数声明的一般形式为:

派生类名∷派生类名(参数列表)∷基类名(参数表),对象成员名 1(参数表 1),…,对象成员名 n(参数表 n)

```
    {
      //派生类新增成员的初始化语句
    }
```

说明:

- 派生类的构造函数名与派生类名相同。
- 参数列表列出初始化基类成员数据、新增对象成员数据和派生类新增成员数据所需要的全部参数。
- 冒号后列出需要使用参数进行初始化的基类的名字和所有对象成员的名字及各自的参数列表,之间用逗号分开。对于使用缺省构造函数的基类或对象成员,可以不给出类名或对象名以及参数列表。

3. 派生类析构函数的构建

派生类析构函数的功能与基类析构函数的功能一样,也是在对象撤销时进行必需的清理善后工作。析构函数不能被继承,如果需要,则要在派生类中重新定义。与基类的析构函数一样,派生类的析构函数也没有数据类型和参数。

派生类析构函数的定义方法与基类的析构函数的定义方法完全相同,而函数体只需完成对新增成员的清理和善后就行了,基类和对象成员的清理善后工作系统会自动调用它们各自的析构函数来完成。

15.1.6 派生类构造函数和析构函数的执行顺序

C++规定,基类成员的初始化工作由基类的构造函数完成,而派生类的初始化工作由派生类的构造函数完成。这就产生了派生类构造函数和析构函数的执行顺序问题,即当创建一个派生类的对象时,如何调用基类和派生类的构造函数分别完成各自成员的初始化,当撤销派生类对象时,又如何调用基类和派生类的析构函数分别完成各自的善后处理。它们的执行顺序是:对于构造函数,先执行基类的,调用顺序按照它们被继承时声明的顺序,再执行对象成员的,调用顺序按照它们在类中声明的顺序,最后执行派生类的。对于析构函数,先执行派生类,再执行对象成员,最后执行基类的。

15.1.7 基类与派生类的赋值兼容

只有公用派生类才是基类真正的子类型,它完整地继承了基类的功能。基类与派生类对象之间有赋值兼容关系,由于派生类中包含从基类继承的成员,因此可以将派生类的值赋给基类对象,在用到基类对象的时候可以用其子类对象代替。一个公有派生类的对象在使用时可以被当作基类的对象,反之则不行。

说明:

- 派生类对象可以向基类对象赋值,而不能用基类对象对其基类对象赋值。
- 派生类对象可以替代基类对象向基类对象的引用进行赋值或初始化。
- 如果函数的参数是基类对象或基类对象的引用,相应的实参可以用派生类对象。
- 派生类对象的地址可以赋给指向基类对象的指针变量,也就是说,指向基类的指针也可以指向派生类。
- 同一基类的不同派生类对象之间也不能赋值。

15.2 多重继承

15.2.1 多重继承的声明

当一个派生类具有多个基类时,称这种派生为多重继承。

多重继承声明的一般形式为:

class <派生类名>: <派生方式 1><基类名 1>, … , <派生方式 n><基类名 n>
{
    派生类成员声明;
};

说明:

- 其中,冒号后面的部分为基类,如果多个基类之间用逗号分开。派生方式规定了派生类以何种方式继承基类成员,选项为 private、protected 和 public。
- 多继承中,各种派生方式对于基类成员在派生类中的访问权限与单继承的规则相同。

15.2.2 多重继承的构造函数和析构函数

多继承时,也涉及基类成员、对象成员和派生类成员的初始化问题,因此,必要时也要定义构造函数和析构函数。

声明多继承构造函数的一般形式为:

<派生类名>(参数总表):基类名 1(参数表 1), … , 基类名 n(参数表 n)
{
    //派生类新增成员的初始化语句
};

说明:

- 派生类的构造函数名与派生类名相同。
- 参数总表列出初始化基类的成员数据和派生类新增成员数据所需要的全部参数。
- 冒号后列出需要使用参数进行初始化的所有基类的名字及参数表,之间用逗号分开。对于使用缺省构造函数的基类,可以不给出类名及参数表。
- 多继承析构函数的声明方法与单继承的相同。
- 多重继承的构造函数和析构函数具有与单继承构造函数和析构函数相同的性质和特性。
- 多重继承构造函数和析构函数的执行顺序与单继承的相同,但应强调的是,基类之间的执行顺序是严格按照声明时从左到右的顺序来执行的,与它们在定义派生类构造函数中的次序无关。

15.2.3 多重继承的二义性

多种继承中的主要问题是成员重复。比如,在派生类继承的这多个基类中有同名成员时,派生类中就会出现来自不同基类的同名成员,就出现了成员重复,用派生类的对象去访问这些同名成员的时候就会出现访问的二义性。

说明:

- 使用作用域运算符":："。基类与派生类有同名成员,默认访问派生类成员。由于子类可以访问多个基类,而基类之间没有专门的协调,所以,基类中可能出现相同的名字,对于子类来说,要访问这种名字不得不在名字前加上类名和作用域运算符"::",以区别来自不同基类的成员。
- 使用同名覆盖的原则。不同的父类拥有共性基类,访问基类成员仍然存在相同名字的成员冲突问题,在多继承时,基类与派生类之间,或基类之间出现同名成员时,将出现访问时的二义性。可以在派生类中重新定义与基类中同名的成员(如果是成员函数,则参数表也要相同,参数不同的情况为重载)以隐蔽掉基类的同名成员,在引用这些同名的成员时,使用的就是派生类中的函数,也就不会出现二义性的问题了。

15.3 虚基类与继承组合

15.3.1 虚基类的定义

当某类的部分或全部基类是从另一个共同基类派生而来时,在这些直接基类中从上一级共同基类继承来的成员就拥有相同的名称。在派生类的对象中,这些同名数据成员在内存中同时拥有多个拷贝,同一个函数名会有多个映射。我们可以使用作用域区分符来唯一标识并分别访问它们,也可以将共同的基类设置为虚基类,这时从不同的路径继承过来的同名数据成员在内存中就只有一个拷贝,同一个函数名也只有一个映射。

(1) 虚基类的引入:用于有共同基类,多次继承产生二义性的场合。

(2) 声明:以 virtual 修饰说明基类。例如 class A1:virtual public A。

(3) 作用:为最远的派生类提供唯一的基类成员,而不重复产生多次拷贝。

15.3.2 虚基类的构造与析构

虚基类的成员是由派生类的构造函数通过调用虚基类的构造函数进行初始化的。

在整个继承结构中,直接或间接继承虚基类的所有派生类,都必须在构造函数的成员初始化表中给出对虚基类的构造函数的调用。如果未列出,则表示调用该虚基类的缺省构造函数。

在建立对象时,只有最远派生类的构造函数调用虚基类的构造函数,该派生类的其他基类对虚基类构造函数的调用被忽略。

15.3.3 继承与组合

组合:类中含有对象成员,称为组合。继承和组合都重用了类设计,继承重用场合,父类成员就在子类里,无须捆绑父类对象便能对其操作.但是操作受到了父类访问控制属性设定的制约。

组合重用场合,使用对象成员的操作需捆绑对象成员,而且只能使用对象的公有成员,多继承且有组合对象时的构造函数。

派生类名::派生类名(基类 1 形参,基类 2 形参,…,基类 n 形参,本类形参):基类名 1(参数),基类名 2(参数),…,基类名 n(参数),对象数据成员的初始化
    {
        本类成员初始化赋值语句;
    };

15.4 本章教学案例

15.4.1 通过继承学生类来实现研究生类

📖 案例描述

通过继承学生类(Student)来实现研究生类(Graduate),保存程序文件名为 C++ 15-01.CPP。

✍ 案例实现

```cpp
# include < iostream >
# include < string >
using namespace std;
class Student
{
private:
    int num;                          //学号
    string name;                      //姓名
    string sex;                       //性别
    int age;                          //年龄
public:
    Student(int num2, string name2, string sex2, int age2)
    {
        num = num2;
        name = name2;
        sex = sex2;
        age = age2;
    }
    void display()
    {
        cout <<"学号:"<< num << endl;
        cout <<"姓名:"<< name << endl;
        cout <<"性别:"<< sex << endl;
        cout <<"年龄:"<< age << endl;
    }
};
class Graduate :public Student
{
```

```
private:
    string direction;                          //研究方向
public:
    //构造函数中通过初始化列表来赋值
    Graduate(int num2, string name2, string sex2, int
    age2, string direction2):Student(num2, name2, sex2, age2)
    {
        direction = direction2;
    }
    void show()
    {
        display();                              //调用父类 Student 的方法
        cout <<"研究方向:"<< direction << endl;
    }
};
void main()
{
    Graduate g1(2013091201,"张三","男",19,"计算机应用");
    g1.show();
}
```

📟 程序运行结果（图 15-1）

图 15-1　C++ 15-01. CPP 运行结果

☎ 知识要点分析

● 本案例首先定义实现学生类（Student），再定义研究生类（Graduate）时，通过继承学生类来实现。

● 学生类中已有的功能无须重复定义，研究生类通过继承直接使用即可。

15.4.2　公有继承访问权限

📖 案例描述

利用圆通过公有继承来学习数据的访问权限，保存程序文件名为 C++ 15-02. CPP。

✍ 案例实现

```
# include < iostream >
# include < string >
using namespace std;
class Point
{
private:
    float x;                                    //横坐标
```

```
        float y;                        //纵坐标
public:
    Point(float x, float y)
    {
        this -> x = x;
        this -> y = y;
    }
    void showXY()
    {
        cout <<"圆心坐标: ";
        cout <<"("<< x <<","<< y <<")"<< endl;
    }
protected:
    void setXY(float x, float y)
    {
        this -> x = x;
        this -> y = y;
    }
};
class Circle : public Point             //公有方式继承
{
private:
    float r;                            //半径
public:
    Circle(float x, float y, float r) : Point(x, y)
    {
        this -> r = r;
    }
    void showR()
    {
        cout <<"半径: "<< r << endl;
    }
    void showS()
    {
        cout <<"面积: "<< 3.1415926 * r * r << endl;
    }
};
void main()
{
    Circle c1(1, 3, 2);                 //圆心(1,3),半径2
    //c1.setXY(2,6);                     //非法使用,公有继承,在父类中保护,
                                        //子类中仍为保护,子类外部不可以使用

    //c1.x = 2;                          //非法使用,公有继承,在父类中私有,
                                        //子类及子类外部都不可以使用

    c1.showXY();                        //正常使用,公有继承,在父类中公有,
                                        //子类中仍为公有,子类外部可以使用

    c1.showR();
    c1.showS();
}
```

🖳 **程序运行结果(图 15-2)**

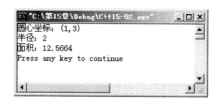

图 15-2　C++ 15-02. CPP 运行结果

☏ **知识要点分析**

- 公有继承方式,基类中公有与保护权限的成员,在派生类中不变。
- 基类中私有权限的成员,派生类无法访问。

15.4.3　私有继承访问权限

📖 **案例描述**

利用圆通过私有继承来学习数据的访问权限,保存程序文件名为 C++ 15-03. CPP。

✍ **案例实现**

```cpp
# include < iostream >
# include < string >
using namespace std;
class Point
{
private:
    float x;                              //横坐标
    float y;                              //纵坐标
public:
    Point(float x, float y)
    {
        this -> x = x;
        this -> y = y;
     }
    void showXY()
    {
        cout <<"圆心坐标: ";
        cout <<"("<< x <<", "<< y <<")"<< endl;
    }
protected:
    void setXY(float x, float y)
    {
        this -> x = x;
        this -> y = y;
    }
};
class Circle :private Point                //公有方式继承
{
private:
```

200

```
        float r;                                  //半径
public:
    Circle(float x, float y, float r) : Point(x, y)
    {
        this -> r = r;
    }
    void showR()
    {
        cout <<"半径: "<< r << endl;
    }
    void showS()
    {
        cout <<"面积: "<< 3.1415926 * r * r << endl;
    }
};
void main()
{
    Circle c1(1, 3, 2);                           //圆心(1,3),半径 2
    //c1.setXY(2, 6);                             //非法使用,私有继承,在父类中保护,
                                                  //子类中为私有,子类外部不可以使用

    //c1.x = 2;                                   //非法使用,私有继承,在父类中私有,
                                                  //子类及子类外部都不可以使用

    //c1.showXY();                                //非法使用,私有继承,在父类中公有,
                                                  //子类中为私有,子类外部不可以使用

    c1.showR();
    c1.showS();
}
```

🖥 程序运行结果(图 15-3)

图 15-3　C++ 15-03. CPP 运行结果

☎ 知识要点分析

私有继承方式,基类中公有与保护权限的成员,在派生类中都变成私有,基类中私有权限的成员,派生类无法访问。

15.4.4　保护继承访问权限

📖 案例描述

利用圆通过保护继承来学习数据的访问权限,保存程序文件名为 C++ 15-04. CPP。

✍ 案例实现

```
# include < iostream >
# include < string >
```

```
using namespace std;
class Point
{
private:
    float x;                                    //横坐标
    float y;                                    //纵坐标
public:
    Point(float x, float y)
    {
        this -> x = x;
        this -> y = y;
    }
    void showXY()
    {
        cout <<"圆心坐标: ";
        cout <<"("<< x <<", "<< y <<")"<< endl;
    }
protected:
    void setXY(float x, float y)
    {
        this -> x = x;
        this -> y = y;
    }
};
class Circle :protected Point                   //公有方式继承
{
private:
    float r;                                    //半径
public:
    Circle(float x, float y, float r) :Point(x, y)
    {
        this -> r = r;
    }
    void showR()
    {
        cout <<"半径: "<< r << endl;
    }
    void showS()
    {
        cout <<"面积: "<< 3.1415926 * r * r << endl;
    }
};
void main()
{
    Circle c1(1,3,2);                           //圆心(1,3),半径2
    //c1.setXY(2,6);                            //非法使用,保护继承,在父类中保护,
                                                //子类中为保护,子类外部不可以使用
    //c1.x = 2;                                 //非法使用,保护继承,在父类中私有,
                                                //子类及子类外部都不可以使用
    //c1.showXY();                              //非法使用,保护继承,在父类中公有,
                                                //子类中为保护,子类外部不可以使用
```

```
    c1.showR();
    c1.showS();
}
```

📟 **程序运行结果（图 15-4）**

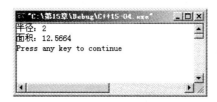

图 15-4　C++ 15-04. CPP 运行结果

☎ **知识要点分析**

● 保护继承方式，基类中公有与保护权限的成员，在派生类中都是保护。
● 基类中私有权限的成员，派生类无法访问。

15.4.5　派生类的构造顺序和析构顺序

📖 **案例描述**

通过构造函数与析构函数学习派生类的构造顺序和析构顺序，保存程序文件名为
C++ 15-05. CPP。

✍ **案例实现**

```cpp
#include<iostream>
using namespace std;
class Student
{
public:
    Student()
    {
        cout<<"学生类空间被构造"<<endl;
    }
    ~Student()
    {
        cout<<"学生类空间被析构"<<endl;
    }
};
class Graduate :public Student
{

public:
    Graduate()
    {
        cout<<"研究生类空间被构造"<<endl;
    }
    ~Graduate()
    {
```

```
        cout <<"研究生类空间被析构"<< endl;
    }
};
void main()
{
    Graduate g1;
}
```

程序运行结果（图 15-5）

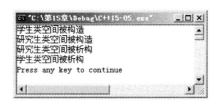

图 15-5　C++ 15-05. CPP 运行结果

知识要点分析

本案例学生类（Student）作为父类，研究生类（Graduate）作为子类，研究生类定义对象时，在内存中分配空间以栈实现，首先调用父类（学生类）的构造函数，然后再调用子类（研究生类）的构造函数，而析构时正好相反，先调用子类（研究生类）的析构函数，再调用父类（学生类）的析构函数。

15.4.6　基类与派生类的赋值兼容

案例描述

通过派生类对象对基类对象赋值来学习基类对象与派生类对象的赋值兼容，保存程序文件名为 C++ 15-06. CPP。

案例实现

```cpp
# include < iostream >
# include < string >
using namespace std;
class A
{
private:
    int x;
    int y;
public:
    A(int x, int y)
    {
        this -> x = x;
        this -> y = y;
    }
    void show()
    {
        cout <<"x = "<< x << endl;
        cout <<"y = "<< y << endl;
```

204

```
        }
};
class B:public A
{
private:
    int z;
public:
    B(int x,int y,int z):A(x,y)
    {
        this -> z = z;
    }
    void show()
    {
        show();
        cout <<"z = "<< z << endl;
    }
};
void main()
{
    A a1(1,2);
    B b1(3,4,5);
    a1 = b1;        //合法转换,派生类对象可以赋值给基类对象
    //b1 = a1;      //非法转换,基类对象不可以赋值给派生类对象
    a1.show();
}
```

🖥 程序运行结果(图 15-6)

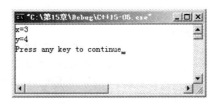

图 15-6　C++ 15-06.CPP 运行结果

☎ 知识要点分析

公有继承的情况下,派生类对象中涉及基类中的部分与基类中的部分是兼容的,所以是可以赋值转换的,反之则不行。

15.4.7　类的多继承

📖 案例描述

定义一个沙发类(Sofa),可以看电视(watchTV),再定义一个床类(Bed),可以睡觉(sleep),再定义一个沙发床类(SofaBed),继承沙发和床,沙发床既可以看电视又可以睡觉,还可以折叠(foldOut),保存程序文件名为 C++ 15-07.CPP。

✍ 案例实现

```
#include<iostream>
```

```
using namespace std;
class Sofa
{
public:
    void watchTV()
    {
        cout <<"看电视…"<< endl;
    }
};
class Bed
{
public:
    void sleep()
    {
        cout <<"睡觉…"<< endl;
    }
};
class SofaBed :public Sofa,public Bed
{
public :
    void foldOut()
    {
        cout <<"折叠…"<< endl;
    }
};
void main()
{
    SofaBed sd1;
    cout <<"沙发床可以: "<< endl;
    sd1.watchTV();                      //沙发床可以看电视
    sd1.sleep();                        //沙发床可以睡觉
    sd1.foldOut();                      //沙发床还可以折叠
}
```

🖥 **程序运行结果**（图 15-7）

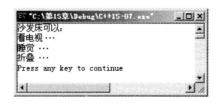

图 15-7　C++ 15-07.CPP 运行结果

☎ **知识要点分析**

本案例一共有三个类，其中沙发类（Sofa）、床类（Bed）作为父类，而沙发床类（SofaBed）同时继承了沙发和床两个类，具有沙发和床的功能，这种子类继承了一个以上的父类就构成了多继承。

15.4.8　虚拟继承与虚基类

📖 **案例描述**

定义一个家具类（Furniture），通过床类（Bed）和沙发类（Sofa）将其定义成虚基类，保存程序文件名为 C++ 15-08. CPP。

✍ **案例实现**

```
#include<iostream>
using namespace std;
class Furniture                         //虚基类
{
protected:
    int price;
    int weight;
public:
    Furniture()
    { }
    void setPrice(int p)
    {
        price = p;
    }
    int getPrice()
    {
        return price;
    }
    void setWeight(int w)
    {
        weight = w;
    }
    int getWeight()
    {
        return weight;
    }
};
class Bed : virtual public Furniture     //虚拟继承
{
public:
    Bed(){}
};
class Sofa : virtual public Furniture    //虚拟继承
{
public:
    Sofa(){}
};
class SofaBed : public Bed, public Sofa{
public:
    SofaBed() :Sofa(), Bed(){}
};
void main()
```

```
{
    SofaBed sd1;
    sd1.setWeight(120);
    sd1.setPrice(3000);
    cout <<"沙发床重 :"<< sd1.getWeight()<<"kg"<< endl;
    cout <<"价格  :"<< sd1.getPrice()<<"元"<< endl;
}
```

🖳 **程序运行结果**（图 15-8）

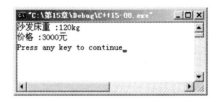

图 15-8   C++ 15-08. CPP 运行结果

☎ **知识要点分析**

如果没有虚拟继承，主程序中 setWeight()和 setPrice()因为来自 Bed 和 Sofa，而且 Bed 和 Sofa 每个类中都有该函数，因为此原因会导致二义性，从而程序出错。

15.4.9   继承与组合

📖 **案例描述**

定义一个学生类和一个教师类，再通过继承学生类派生出一个研究生类，研究生有一个导师，导师也是教师（通过组合实现），保存程序文件名为 C++ 15-09. CPP。

✍ **案例实现**

```
#include < iostream >
#include < string >
using namespace std;
class Teacher
{
    string name;                        //姓名
    string title;                       //职称
public:
    Teacher(string name2, string title2)
    {
        name = name2;
        title = title2;
    }
    void display()
    {
        cout <<"姓名 :"<< name << endl;
        cout <<"职称 :"<< title << endl;
    }
};
class Student
```

```cpp
{
private:
    int num;                                //学号
    string name;                            //姓名
    string sex;                             //性别
    int age;                                //年龄
public:
    Student(int num2, string name2, string sex2, int age2)
    {
        num = num2;
        name = name2;
        sex = sex2;
        age = age2;
    }
    void display()
    {
        cout <<"学号:"<< num << endl;
        cout <<"姓名:"<< name << endl;
        cout <<"性别:"<< sex << endl;
        cout <<"年龄:"<< age << endl;
    }
};
class Graduate :public Student
{
private:
    string direction;                       //研究方向
    Teacher adviser;                        //导师
public:
    //构造函数中通过初始化列表来赋值
    Graduate(int num, string name, string sex, int age, string direction, string tname, string title ):
    Student(num, name, sex, age), adviser(tname, title)
    {
        this -> direction = direction;
    }
    void display()
    {
        cout <<"研究生信息: "<< endl;
        Student::display();                 //调用父类 Student 的方法
        cout <<"研究方向:"<< direction << endl;
        cout <<"导师信息: "<< endl;
        adviser.display();                  //调用 adviser 对象的方法
    }
};
void main()
{
    Graduate g1(2013091201,"张三","男",19,"计算机应用","李四","教授");
    g1.display();
}
```

程序运行结果（图 15-9）

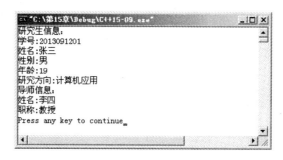

图 15-9　C++ 15-09.CPP 运行结果

知识要点分析

该案例共有三个类,其中学生类继承了研究生类,可以理解为研究生是特殊的学生,但和教师类的关系如果是继承就不恰当了,不能说研究生是一个导师,应该是研究生包含一个教师对象(导师),所以组合的关系较恰当,应合理使用继承与组合才会使得程序思维清晰。

15.5　本章课外实验

1. 定义一个圆类(Circle),派生出圆柱体类(Cylinder),计算半径2.5,高2的圆柱体体积,保存程序文件名为 C++ 15-KS01.CPP,最终效果如图 15-10 所示。

2. 定义一个点类(Point),有横(x)纵(y)坐标,再定义一个线段类(Segment),有起点(begin)和终点(end)两个对象成员,通过组合来实现,保存程序文件名为 C++ 15-KS02.CPP,最终效果如图 15-11 所示。

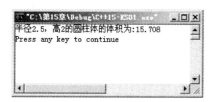

图 15-10　C++ 15-KS01.CPP 运行结果

图 15-11　C++ 15-KS02.CPP 运行结果

3. 定义 A,B,C 三个类,其中 B 继承 A,C 又继承 B,每个类都有构造函数与析构函数,验证构造与析构的顺序,保存程序文件名为 C++ 15-KS03.CPP,最终效果如图 15-12 所示。

4. 一个家庭中父亲(Father)会画画(draw),母亲(Mother)会唱歌(sing),女儿(Daughter)不但跟父亲学会了画画,跟母亲学会了唱歌,还会跳舞(dance),通过继承关系显示女儿会的才艺有哪些,保存程序文件名为 C++ 15-KS04.CPP,最终效果如图 15-13 所示。

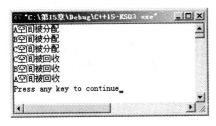

图 15-12　C++ 15-KS03.CPP 运行结果

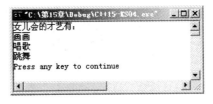

图 15-13　C++ 15-KS04.CPP 运行结果

5. 定义学生类(Student)和日期类(Date,包含年-月-日),通过继承学生类来实现研究生类(Graduate),研究生的出生日期通过和日期类组合实现,保存程序文件名为 C++ 15-KS05.CPP,最终效果如图 15-14 所示。

图 15-14　C++ 15-KS05.CPP 运行结果

第 16 章　多态性与虚函数

本章说明：

　　面向对象程序设计中的多态性是指向不同的对象发送同一个消息，不同对象对应同一消息产生不同行为。在程序中消息就是调用函数，不同的行为就是指不同的实现方法，即执行不同的函数体。也可以这样说，就是实现了"一个接口，多种实现"。从实现的角度来讲，多态可以分为两类：编译时的多态性和运行时的多态性。

　　虚函数是动态联编的基础。虚函数必须是基类的非静态成员函数，多态性给我们带来了好处：多态使得我们可以通过基类的引用或指针来指明一个对象（包含其派生类的对象），当调用函数时可以自动判断调用的是哪个对象的函数。普通函数的处理：一个特定的函数都会映射到特定的代码，无论是编译阶段还是连接阶段，编译器都能计算出这个函数的地址，调用即可。虚函数的处理：被调用的函数不仅依据调用的特定函数，还依据调用的对象的种类。

本章主要内容：

　　➢ 多态
　　➢ 虚函数
　　➢ 静态联编与动态联编
　　➢ 纯虚函数与抽象类

📖 本章拟解决的问题：

　　1. 什么是多态？
　　2. 什么是虚函数？虚函数有什么作用？
　　3. 什么是静态多态？什么是动态多态？
　　4. 怎样利用虚函数实现动态多态？
　　5. 什么是纯虚函数？
　　6. 抽象类有什么作用？如何使用？

16.1　多态

16.1.1　多态的概念与作用

　　多态性是面向对象程序设计的重要特征之一。如果语言不支持多态技术，严格上说就不能称为面向对象的，最多只能称为是基于对象的。

多态性是指发出同样的消息被不同类型的对象接收时产生完全不同的行为。每个对象可以用自己的方式去响应共同的消息,所谓消息就是调用类的成员函数,响应就是执行函数体程序,也就是调用不同的函数(函数名相同,对应函数体不同)。

多态性提供了同一个接口可以用多种方法进行调用的机制,从而可以通过相同的接口访问不同的函数。具体地说,就是同一个函数名称,作用在不同的对象上将产生不同的操作。

具有不同功能的函数可以用同一个函数名,这样就可以实现用一个函数名调用不同内容的函数。

多态性提供了把接口与实现分开的另一种方法,提高了代码的组织性和可读性,更重要的是提高了软件的可扩充性。

多态性是面向对象的核心,它的最主要的思想就是可以采用多种形式的能力,通过一个用户名字或者用户接口完成不同的实现。

从系统实现的角度来看,多态性分为两类:静态多态和动态多态。

16.1.2 多态的实现方法

在 C++ 中实现多态的方法有以下三种方式。

(1) 函数重载:函数重载规则是具有相同名字不同实现的函数,需在函数参数的个数、类型或顺序上有所不同以便选择调用。

(2) 运算符重载:运算符重载的含义是对已有的运算符进行重新定义,使其具有新功能。即为了满足某种操作的需要,在原有运算符实现不了、又不增加新的运算符种类的基础上,对含义相近的运算符进行重载。

(3) 虚函数:通过定义虚函数实现多态。

16.2 虚函数

16.2.1 虚函数的引入

一般对象的指针之间没有联系,彼此独立,不能混用。但派生类是由基类派生而来的,它们之间有继承关系,因此,指向基类和派生类的指针之间也有一定的联系,如果使用不当,将会出现一些问题。为了解决这些问题,我们引入了虚函数的概念。

虚函数是重载的另一种形式,实现的是动态的重载,即函数调用与函数体之间的联系是在运行时才建立的,也就是动态联编。

虚函数是在类的继承中实现多态的重要手段。

16.2.2 虚函数的定义

虚函数的定义是在基类中进行的,即把基类中需要定义为虚函数的成员函数声明为virtual。当基类中的某个成员函数被声明为虚函数后,它就可以在派生类中被重新定义。在派生类中重新定义时,其函数原型,包括返回类型、函数名、参数个数和类型、参数的顺序都必须与基类中的原型完全一致。

虚函数定义的一般形式为：

```
virtual <函数类型><函数名>(参数表)
{
    函数体
}
```

虚函数与重载函数的关系：在派生类中被重新定义的基类中的虚函数是函数重载的另一种形式，但它与函数重载又有区别。一般的函数重载，要求其函数的参数或参数类型必须有所不同，函数的返回类型也可以不同，但重载一个虚函数时，要求函数名、返回类型、参数个数、参数的类型和参数的顺序必须与基类中的虚函数的原型完全相同。如果仅返回类型不同，其余相同，则系统会给出错误信息；如果函数名相同，而参数个数、参数的类型或参数的顺序不同，系统认为是普通的函数重载，虚函数的特性将丢失。

多重继承和虚函数。由于多重继承可以看成是多个单继承的组合，所以多重继承的虚函数的调用，包括它的定义和定义时的限制，与单继承的虚函数的调用相同。一个虚函数无论被继承多少次，仍保持其虚函数的特性，与继承的次数无关，或者说虚特性是可以传递的。

16.2.3　虚函数的使用

虚函数的使用原则：

（1）必须是成员函数，不能是 inline 函数、静态成员函数或友元函数。但可以在另一个类中被声明为友元函数。

（2）虚函数的声明只能出现在类声明的函数原型的声明中，不能出现在函数体实现的时候，而且，基类中只有保护成员或公有成员才能被声明为虚函数。

（3）在派生类中重新定义虚函数时，关键字 virtual 可以写也可以不写，但在容易引起混乱时，应加上该关键字。

（4）动态联编只能通过成员函数来调用或通过指针、引用来访问虚函数，如果用对象名的形式来访问虚函数，将采用静态联编。

（5）构造函数不能声明为虚函数，析构函数可以声明为虚函数。

16.3　静态联编与动态联编

16.3.1　联编的概念

联编也称为绑定，是指源程序在编译后生成的可执行代码经过连接装配在一起的过程。也就是将模块或者函数合并在一起生成可执行代码的处理过程，同时也是对每个模块或者函数调用分配内存地址的过程。

16.3.2　静态联编与动态联编

联编分为两种：静态联编和动态联编。

（1）静态联编。在编译阶段就将函数实现和函数调用关联起来称之为静态联编。静态联编在编译阶段就必须了解所有的函数或模块执行所需要检测的信息，它对函数的选择是基于指向对象的指针（或者引用）的类型在运行前就完成联编，也称前期联编，这种联编在编译时就决定如何实现某一动作。这种联编方式的函数调用速度很快，效率也很高。

（2）动态联编。在运行时动态地决定实现某一动作，又称滞后联编。这种联编要到程序运行时才能确定调用哪个函数，提供了更好的灵活性和程序的易维护性。动态联编对成员函数的选择不是基于指针或者引用，而是基于对象类型，不同的对象类型将做出不同的编译结果。

16.3.3　静态的多态性和动态多态性

多态分为两种：静态多态和动态多态。

（1）由静态联编支持的多态性称为编译时的多态性或静态多态性，也就是说，确定同名操作的具体操作对象的过程是在编译过程中完成的。C++用函数重载和运算符重载来实现编译时的多态性。

（2）由动态联编支持的多态性称为运行时的多态性、活动态多态性，也就是说，确定同名操作的具体操作对象的过程是在运行过程中完成的。C++用继承和虚函数来实现运行时的多态性。

16.3.4　动态联编实现原理

通过动态联编的实现过程，了解其原理：

（1）编译器在编译含有虚函数的类时，会建立一个虚函数表（VFTABLE），该表是一个函数指针结构，在表中会依次填充派生类对象和基类对象中声明的所有的虚函数地址，即指向相应的虚函数，如果派生类本身没有重新定义基类的虚函数，那么填充的就是基类的虚函数地址，这样一旦函数调用一个派生类不存在的方法的时候，也可以自动调用基类的方法。

（2）编译器为每一个含有虚函数的类自动分配一个虚拟函数表（VFTABLE），不管该类建立多少个对象，它们共享本类的虚函数表。

（3）编译器在每个类中自动放置一个对象指针 vptr，一般置于对象的起始位置，继而在对象的构造函数中将 vptr 初始化为本类的虚函数表的地址。

（4）调用虚拟函数时，通过对象 vptr 指针查找到对应类的虚函数表（VFTABLE），再根据里面的地址信息确定调用哪一个虚函数。

16.4　纯虚函数与抽象类

16.4.1　纯虚函数

纯虚函数是在一个基类中说明但没有具体实现的、特殊的虚函数，它在该基类中没有具体的操作内容，要求各派生类在重新定义时根据自己的需要定义实际的操作内容。

纯虚函数的一般定义形式为：

virtual <**函数类型**> <**函数名**> (**参数表**) = 0;

纯虚函数与普通虚函数的定义的不同在于书写形式上加了"= 0"，说明在基类中不用定义该函数的函数体，它的函数体由派生类定义。

16.4.2 抽象类

如果一个类中至少有一个纯虚函数，这个类就称为抽象类。

抽象类是一种特殊的类，它为一族类提供统一的操作界面，建立抽象类就是为了通过它多态地使用其中的成员函数。它的主要作用是为一个族类提供统一的公共接口，以有效地发挥多态的特性。

说明：

- 抽象类只能用作其他类的基类，不能建立抽象类的对象，因为它的纯虚函数没有定义功能。
- 抽象类不能用作参数类型、函数的返回类型或显式转换的类型。
- 可以声明抽象类的指针和引用，通过它们，可以指向并访问派生类对象，从而访问派生类的成员。
- 若抽象类的派生类中没有给出所有纯虚函数的函数体，这个派生类仍是一个抽象类。若抽象类的派生类中给出了所有纯虚函数的函数体，这个派生类将不再是一个抽象类，可以声明自己的对象。

16.5 本章教学案例

16.5.1 没有虚函数的情况下继承学生类来实现研究生类

📖 **案例描述**

在没有虚函数的情况下，通过继承学生类(Student)来实现研究生类(Graduate)，保存程序文件名为 C++ 16-01. CPP。

✍ **案例实现**

```
# include < iostream >
# include < string >
using namespace std;
class Student
{
private:
    int num;                          //学号
    string name;                      //姓名
    string sex;                       //性别
    int age;                          //年龄
```

```cpp
public:
    Student(int num, string name, string sex, int age)
    {
        this -> num = num;
        this -> name = name;
        this -> sex = sex;
        this -> age = age;
    }
    void display()
    {
        cout <<"学号:"<< num << endl;
        cout <<"姓名:"<< name << endl;
        cout <<"性别:"<< sex << endl;
        cout <<"年龄:"<< age << endl;
    }
};
class Graduate :public Student
{
private:
    string direction;                        //研究方向
public:
    //构造函数中通过初始化列表来赋值
    Graduate(int num, string name, string sex, int age, string direction):Student(num, name, sex, age)
    {
        this -> direction = direction;
    }
    void display()
    {
        Student::display();                  //调用父类 Student 的方法
        cout <<"研究方向:"<< direction << endl;
    }
};
void main()
{
    Student s1(2013091311,"李丽","女",18);
    Graduate g1(2013091201,"张三","男",22,"计算机应用");
    Student * p;
    cout <<"学生信息:"<< endl;
    p = &s1;
    p -> display();
    cout <<"研究生信息:"<< endl;
    p = &g1;
    p -> display();                          //输出内容仍是基类对应成员信息,而没有研究
                                             //生的研究方向信息
}
```

📖 程序运行结果（图 16-1）

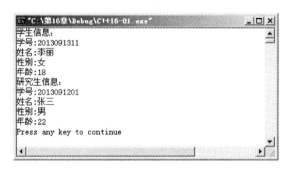

图 16-1　C++ 16-01.CPP 运行结果

☎ 知识要点分析

本案例由于没有使用虚函数，所以采用的是静态联编的方式，虽然程序中指针已指向研究生类对象，但是还是显示学生类对应到研究生类的成员，无法显示研究生类中的新增加信息。

16.5.2　有虚函数的情况下继承学生类来实现研究生类

📖 案例描述

在有虚函数的情况下，通过继承学生类（Student）来实现研究生类（Graduate），保存程序文件名为 C++ 16-02.CPP。

✍ 案例实现

```cpp
# include < iostream >
# include < string >
using namespace std;
class Student
{
private:
    int num;                               //学号
    string name;                           //姓名
    string sex;                            //性别
    int age;                               //年龄
public:
    Student(int num, string name, string sex, int age)
    {
        this -> num = num;
        this -> name = name;
        this -> sex = sex;
        this -> age = age;
    }
    virtual void display()                 //定义成虚函数
    {
        cout << "学号:" << num << endl;
        cout << "姓名:" << name << endl;
        cout << "性别:" << sex << endl;
```

```
            cout <<"年龄:"<< age << endl;
    }
};
class Graduate :public Student
{
private:
    string direction;                    //研究方向
public:
    //构造函数中通过初始化列表来赋值
    Graduate(int num, string name, string sex, int age, string direction):Student(num, name, sex, age)
    {
        this -> direction = direction;
    }
    void display()
    {
        Student::display();              //调用父类 Student 的方法
        cout <<"研究方向:"<< direction << endl;
    }
};
void main()
{
    Student s1(2013091311,"李丽","女",18);
    Graduate g1(2013091201,"张三","男",22,"计算机应用");
    Student * p;
    cout <<"学生信息: "<< endl;
    p = &s1;
    p -> display();
    cout <<"研究生信息: "<< endl;
    p = &g1;
    p -> display();              //输出内容仍是基类对应成员信息,而没有研究生的研究方向信息

}
```

🖥 程序运行结果(图 16-2)

图 16-2　C++ 16-02.CPP 运行结果

☎ 知识要点分析

本案例由于使用虚函数,所以采用的是动态联编的方式,虽然程序中定义了学生类的指针,但编译时并不真正指向学生类对象,根据运行的具体情况再确定具体联编的虚函

数,所以指向研究生类对象时,调用的是显示研究生信息的虚函数。

16.5.3　学习纯虚函数、抽象类的定义与使用

📖 案例描述

首先定义一个抽象的飞机类(Plan),类中有攻击(attack)方法,将该函数定义成纯虚函数,通过派生定义歼击机类(Fighter),歼击机进攻可以发射空对空的导弹,再派生一个轰炸机类(Bomber),轰炸机进攻可以投激光制导炸弹,保存程序文件名为 C++ 16-03. CPP。

✍ 案例实现

```cpp
# include < iostream >
# include < string >
using namespace std;
class Plane                               //抽象类
{
private:

public:
    virtual void attack() = 0;            //攻击功能,纯虚函数
};
class Fighter : public Plane              //歼击机
{
private:
    string name;
    string missile;                       //导弹名称
public:
    Fighter(string name, string missile)
    {
        this -> name = name;
        this -> missile = missile;
    }
    void attack()
    {
        cout << name <<"向敌机发射了 "<< missile << endl;
    }
};
class Bomber : public Plane               //歼击机
{
private:
    string name;
    string bomb;                          //炸弹名称
public:
    Bomber(string name, string bomb)
    {
        this -> name = name;
        this -> bomb = bomb;
    }
    void attack()
    {
```

```
        cout << name <<"向敌方阵地投射了 "<< bomb << endl;
    }
};
void main()
{
    Plane  * p;                         //抽象类指针
    Fighter f1("歼击机","空对空导弹");
    Bomber b1("轰炸机","激光制导炸弹");
    cout <<"歼击机发起攻击… "<< endl;
    p = &f1;
    p -> attack();
    cout <<"轰炸机发起攻击… "<< endl;
    p = &b1;
    p -> attack();
}
```

💻 **程序运行结果**（图 16-3）

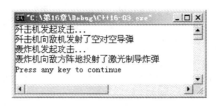

图 16-3　C++ 16-03. CPP 运行结果

☎ **知识要点分析**

本案例飞机类为抽象类，attack 是纯虚函数，它没有具体的功能，只是一个描述将来的派生类用到的统一接口（不管什么飞机发起攻击都叫 attack），用飞机类定义对象指针，如果指向歼击机，那么显示的就是让歼击机进攻，如果指向轰炸机，那么显示的就是让轰炸机进攻。

16.6 本章课外实验

1. 定义一个抽象的形状类（Shape），可以显示信息（show）和打印面积（area），派生出三角形类（Triangle）和圆类（Circle），分别定义形状类的指针、圆的对象和三角形的对象，通过指针指向不同的对象实现显示信息和打印面积，保存程序文件名为 C++ 16-KS01. CPP，最终效果如图 16-4 所示。

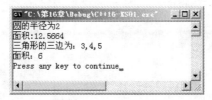

图 16-4　C++ 16-KS01. CPP 运行结果

2. 定义一个抽象的动物类(Animal),动物可以叫(call),该函数为虚函数,再派生出小狗类(Dog)和小猫类(Cat),再分别定义对象和基类的指针,指针指向小狗时叫声"汪汪",指向小猫时叫声"喵喵",保存程序文件名为 C++ 16-KS02.CPP,最终效果如图 16-5 所示。

图 16-5　C++ 16-KS02.CPP 运行结果

第17章 文件的输入与输出

本章说明：

程序在运行过程中，可以从文件中读取数据进行处理，也可以把处理完的数据或结果保存到存储器上。之前我们所学习的是直接用键盘输入数据，从显示器上输出数据结果，本章我们主要学习文件的输入和输出，即直接读取事先存储好的数据文件中的数据，然后进行操作，再把操作结果输出到文件。

本章主要内容：

- ➢ C++流类库
- ➢ 文件流
- ➢ 文件的读写操作
- ➢ 顺序文件
- ➢ 二进制文件

📖 **本章拟解决的问题：**

1. 什么是文件流？
2. 什么是文件？
3. 如何定义文件指针？
4. 如何定义文件对象？
5. 文件如何打开和关闭？
6. 怎样向文件写入数值、字符、字符串？
7. 怎样从文件读出数据、字符、字符串？

17.1 C++流类库

C++的流(stream)类库是用继承方法建立起来的输入输出类库，由支持标准输入输出操作的基类组成。

17.1.1 基本I/O流类库

基本I/O流类为用户提供了使用标准输入输出流的接口。类名中 i 代表输入(input)，o 代表输出(output)，具体的类如表 17-1 所示。

表 17-1　基本的输入输出流类

类名	含义	作　用
ios	基类	定义了输入输出格式的成员函数
istream	输入类	利用输入操作的成员函数完成数据输入
ostream	输出类	利用输出操作的成员函数完成数据的输出

基本输入输出流使用的头文件是 iostream，是将 istream 和 ostream 类组合在一起，以支持一个流对象既可完成输入操作，又能完成输出操作。

17.1.2　文件 I/O 流类库

文件 I/O 流类库支持对磁盘文件的输入输出操作，类名中的字母 f 代表文件(file)。具体的类如表 17-2 所示。

表 17-2　文件输入输出流类

类　名	含　义	作　用
ofstream	输出类	将数据写入到文件
ifstream	输入类	从文件中读取数据
fstream	输入输出类	对文件数据的读或写

文件的输入输出流使用的头文件是 fstream，支持文件流对象的输入和输出操作。

17.1.3　字符串 I/O 流类库

字符串 I/O 流类库支持对内存中的数据进行读或写操作，类名中的字母 str 代表字符串(string)，如表 17-3 所示。

表 17-3　字符串输入输出流类

类　名	含　义	作　用
ostrstream	输出类	输出字符串
istrstream	输入类	输入字符串
strstream	输入输出类	输入输出字符串

字符串的输入输出流使用的头文件是 strstream，支持文件流对象的输入和输出操作。

C++流类库是通过类的继承、类成员函数的重载来实现的。它拥有很好的扩展性，用户通过重载还可以对自定义对象进行流的操作。在输入或输出时，可以通过格式控制符来约束数据的输入与输出，格式控制符使用的头文件是 iomanip。

17.2　文件流

文件流是以文件(外存)为输入输出对象的数据流。输出文件流是从计算机内存流向外存文件的数据，输入文件流是从外存文件流向计算机内存的数据。

17.2.1　文件的概念

文件是一组存储在外部介质上数据的集合,包括程序文件和数据文件。

1.程序文件

程序文件是用户编写的 C++程序,包括源程序文件.CPP、目标文件.OBJ、可执行文件.EXE 等。

2.数据文件

文件的内容不是程序,而是供程序运行时读写的数据,包括 ASCII 文件和二进制文件。

ASCII 文件又称为文本文件,它以字节(byte)为单位,每字节放一个 ASCII 字符,可用文本编辑器对其进行编辑。

二进制文件是把内存中的数据按其在内存中的存储形式原样输出到磁盘上存放,不可以用文本编辑器对其进行编辑。

17.2.2　文件指针与文件对象

定义文件指针可以使用下面的格式,其中 fp 代表指针变量:

FILE * **fp**

定义文件对象可以使用下面的格式,其中 fp 代表文件对象:

文件输出流对象:ofstream fp

文件输入流对象:ifstream fp

文件输入输出流对象:fstream fp

17.3　文件的读写操作

17.3.1　使用指针读写文件

使用指针打开文件,一般是指定一个指针变量指向该文件,也就是建立起指针变量与文件之间的联系,然后通过指针变量对文件进行读写操作。

1.文件的打开

文件打开使用函数 fopen( ),文件打开的一般形式为:

指针变量 = fopen(文件名,文件读写方式)

例如:

```
FILE    * fp;
fp = fopen("F01.txt","w");
```

上面的例子表示要打开文件名为"F01.txt"的文件,而"w"是读写方式,表示写入数据到文件,也就是文件的输出。其中 fp 是定义的指针变量,名字不固定,用户可根据习惯来定义。常用的文件读写方式见表 17-4。

表 17-4　文件指针的读写方式

文件读写方式	作　　用	如果指定文件不存在
"r"	读方式打开一个已存在的文本文件	出错
"w"	写方式打开一个文本文件	建立新文件
"a"	追加方式打开文本文件	出错
"rb"	读方式打开一个二进制文件	出错
"wb"	写方式打开一个二进制文件	建立新文件
"ab"	追加方式打开一个二进制文件	出错
"r+"	为了读和写,打开一个文本文件	出错
"w+"	为了读和写,建立一个新的文本文件	建立新文件
"a+"	为了读和写,建立一个文本文件	出错
"rb+"	为了读和写,打开一个二进制文件	出错
"wb+"	为了读和写,建立一个新的二进制文件	建立新文件
"ab+"	为读写打开一个二进制文件	出错

2. 文件的关闭

文件关闭函数使用的是 fclose( ),文件关闭的一般形式是:

fclose(fp);

编写程序时,一定要记得关闭文件,养成使用时打开文件,用完文件及时关闭的习惯,可以减少内存和缓冲区的占用,提高计算机的运行效率。

17.3.2　用文件对象读写文件

使用文件对象对文件进行读写操作,首先要创建文件对象,主要包括 ifstream、ofstream、fstream 定义三种文件流对象,即文件输入流对象、文件输出流对象与文件输入输出流对象。

1. 文件的打开

文件流对象. open,即 fp. open(文件名,文件读写方式)
例如:

```
ofstream    fp;
fp.open("F02.txt",ios::out);
```

在上例中，fp 为程序中定义的文件对象，"F02.txt"是要打开的文件的文件名，而"ios::out"则是输出方式打开。常用的文件读写方式如表 17-5 所示。

表 17-5　文件对象的读写方式

文 件 方 式	作　　用	如果指定文件不存在
ios::in	以读方式打开文件	出错
ios::out	以写方式打开文件	建立新文件
ios::app	以追加方式打开文件	建立新文件
ios::ate	打开一个已有的文件，文件指针指向文件尾	出错
ios::nocreate	打开已存在的文件，不建立新文件	出错
ios::noreplace	建立新文件，不替换原有文件	建立新文件
ios::trunk	打开文件并删除文件中的原有内容	建立新文件
ios::in|ios::out	以读写方式打开文件本件	建立新文件
ios::out|ios::binary	以写方式打开一个二进制文件	建立新文件
ios::in|ios::binary	以读方式打开一个二进制文件	出错

2. 文件的关闭

打开一个文件且对文件进行读或写操作后，应该调用文件流的成员函数来关闭相应的文件，释放系统为该文件占用的内存或缓存，同时将文件名与文件对象之间建立的关联断开。关闭文件的格式为：

文件流对象.close()即 fp.close()

17.3.3　文件尾函数

文件进行读写操作的时候，可以通过文件尾函数来判断文件的位置。文件尾函数的使用分两种情况：

1. 文件指针

格式：

feof(fp)

表示未到文件尾可以用下面的三种形式：

feof(fp) = 0、feof(fp) = false、!feof(fp)

2. 文件对象

格式：

fp.eof()

表示未到文件尾可以用下面的三种形式：

fp.eof( ) = 0、fp.eof( ) = false、!fp.eof( )

在文件中读取数据，只有未到文件尾时读取数据才有效，如果到文件尾，表示没有数据可读，因此在用文件尾函数控制循环体时都是通过未到文件尾循环程序。

17.4 顺序文件读写

顺序文件读写时，读写数据的顺序和数据文件的物理顺序一致，常用的是 ASCII 码文件，也就是文本文件。

17.4.1 数值数据的读写

数值数据主要指的是整型和实型数据，在读写的时候可以使用格式输入输出函数，也可以直接使用文件对象，如表 17-6 所示。

表 17-6 数值数据读写函数和文件对象读写

函 数 形 式	所 属 方 式	功 能
fprintf(fp,格式符,输出列表)	文件指针	向文件写入数据，可以是数值、字符、字符串，使用格式同 printf 函数
fscanf(fp,格式符,地址列表)	文件指针	从文件中读取数据，可以是数值、字符、字符串，使用格式同 scanf 函数
fp<<输出数据	文件对象	将输出数据写入文件
fp>>变量	文件对象	从文件中读取数据给指定的变量

17.4.2 字符数据的读写

字符文件也称 ASCII 文件，文件的每一个字节中均以 ASCII 码形式存放数据，即一个字节放一个字符。对文本文件读取或写入一个字符的函数见表 17-7。

表 17-7 字符读写函数

函 数 形 式	所 属 方 式	功 能
fgetc(fp)	文件指针	从 fp 指向的文件读入一个字符
fputc(c,fp)	文件指针	把字符 c 写入文件指针变量 fp 所指向的文件
fp.get(k[i])	文件对象	在文件中读取 k[i]
fp.put(c)	文件对象	把字符 c 输出到文件中

17.4.3 字符串数据的读写

字符串进行读写时，是以行为单位进行读写的，常用的函数见表 17-8。

表 17-8　字符串读写函数

调用形式	所属方式	功　　能
fgets(字符串指针变量,n,fp)	文件指针	从 fp 指向的文件读入一个长度为 n−1 的字符串,存放在字符串指针变量或数组中
fputs(字符串指针变量,fp)	文件指针	把字符串写入到文件指针变量 fp 所指向的文件中
fp. getline(字符串指针变量,n,'\n')	文件对象	从 fp 指向的文件中读取长度为 n−1 的字符串,存放在字符指针变量中或字符串数组中
fp<<字符串指针变量	文件对象	把字符串写入到 pf 指向的文件中

17.5　二进制文件的读写

　　二进制文件不是以 ASCII 代码存放数据,而是将内存中数据不加转换地传送到磁盘文件,对二进制文件读写操作,不能通过标准输入输出流的提取与插入运算符实现文件的输入输出,只能通过二进制文件的读写的成员函数 read 与 write 来实现。

17.5.1　二进制文件的读写操作

　　对二进制文件读取或写入数据的函数如表 17-9 所示。

表 17-9　二进制文件读写函数

调用形式	所属方式	说　　明
fread(k[i],size,n,fp)	文件指针	k[i]是将要存放数据的地址,size 为所读取的字节数,n 为所读取的数据的项数,fp 是指向文件的指针
fwrite(k[i],size,n,fp)	文件指针	k[i]是存放数据的地址,size 为所写入的字节数,n 为所写入的数据的项数,fp 是指向文件的指针
fp. read((char *)&k[0],size)	文件对象	k[0]是首地址,需要使用 char * 把它强制转换成指针,(char *)&k[0]即表示一个指针,size 为所读取字节数
fp. write((char *)&k[0],size)	文件对象	k[0]是首地址,需要使用 char * 把它强制转换成指针,(char *)&k[0]即表示一个指针,size 为所写入的字节数

17.5.2　二进制随机文件读写

　　C++允许从文件中的任何位置开始进行读或写数据,这种读写方式称为文件的随机访问或直接存取。为了实现对文件的随机访问,在打开文件时,系统为打开的文件建立一个变量 point,称为文件指针。该变量的初值为 0,指向文件的第 0 个单元。只要移动文件指针 point,使其指向不同的字节单元,就能实现对文件任一指定字节的读/写操作。C++是在文件流类的基类中定义了几个支持随机访问的函数来移动指针值,实现文件指针的定义的。

C++的类库 fstream 中定义了两个与文件相联系的指针。一个是读指针,用于指定下一次读操作在文件中的位置;另一个是写指针,用于指定下次写操作在文件中的位置。每次输入输出操作完成时,指针会移动到该次输入输出的数据之后,下一数据之前。

C++的文件的定位操作常用到三种函数,如表 17-10 所示。

表 17-10　常用 3 种定位函数

格　　式	功　　能	说　　明
ftell(fp)	取得文件指针的当前位置	ftell()函数完成的功能是取得当前文件指针的位置,用相当于文件开头的位移量来表示
fseek(fp,位移量,起始点)	改变文件指针的当前位置	fseek()函数完成的功能是改变当前文件指针的位置
rewind(fp)	置文件指针于文件开头位置	rewind()函数完成的功能是将文件指针的位置重新指向文件开头的位置

17.6　本章教学案例

17.6.1　利用文件指针写 1～100 的数

📖 案例描述
利用文件指针将 1～100 写入文本文件 F01.TXT 中,保存程序文件名为 C++ 17-01.CPP。

✍ 案例实现

```cpp
# include < fstream >
# include < iostream >
using namespace std;
void main()
{
    FILE * fp;                      //定义文件指针
    int i;
    fp = fopen("F01.txt","w");      //用写方式打开 F01.TXT 文件
    for(i = 1;i < = 100;i + + )
    {
        //fprintf(fp,"%d ",i);       //%d 的后面有一个空格
        fprintf(fp,"%d\n",i);
    }
    cout <<"文件写入完毕"<< endl;
    fclose(fp);                      //关闭文件
}
```

🖥 程序运行结果
直接写入文本文件,打开 F01.txt 查看结果。

☎ 知识要点分析
- fprintf(fp," %d ",i)数据间用空格分隔。
- fprintf(fp," %d\n",i)数据写入后换行。

17.6.2　利用文件对象写 1～100 的数

📖 案例描述
利用文件对象将 1～100 写入文本文件 F02.TXT 中,保存程序文件名为 C++ 17-02.CPP。

✍ 案例实现

```cpp
#include<fstream>
#include<iostream>
using namespace std;
void main()
{
    ofstream fp;                            //定义文件对象
    fp.open("F02.txt",ios::out);            //通过文件对象用写方式打开 F02.TXT
    //ofstream fp("F02.txt",ios::out);      //前面的两行可以合并成这一行
    int i;
    for(i=1;i<=100;i++)
    {
        //fp<<i<<' ';                        //每个数的后面加一个空格
        fp<<i<<'\n';
    }
    fp.close();                              //关闭文件
    cout<<"文件写入完毕"<<endl;
}
```

🖥 程序运行结果
直接写入文本文件,打开 F02.txt 查看结果。

☎ 知识要点分析
* fp<<i<<' '数据间用空格分隔。
* fp<<i<<'\n'数据写入后换行。

17.6.3　利用文件指针读数据

📖 案例描述
利用文件指针从 F03.TXT 中读取 10 个数到数组 a,求这些数的和,保存程序文件名为 C++ 17-03.CPP。

✍ 案例实现

```cpp
#include<iostream>
using namespace std;
void main()
{
    FILE *fp;
    fp=fopen("F03.txt","r");
    int i,a[10],s=0;
    for(i=0;i<10;i++)
    {
        fscanf(fp,"%d ",&a[i]);
```

```
        s += a[i];
    }
    printf("s = %d\n", s);
}
```

💻 **程序运行结果**（图 17-1）

图 17-1　C++ 17-03.CPP 运行结果

☎ **知识要点分析**

文本文件中数据是用空格分隔的,读取的时候 fscanf(fp,"%d ",&a[i]) 在 %d 的后面有一个空格。

17.6.4　利用文件对象读数据

📖 **案例描述**

利用文件对象从 F04.TXT 中读取 10 个数到数组 a,求这些数的和,保存程序文件名为 C++ 17-04.CPP。

✍ **案例实现**

```cpp
#include<iostream>
#include<fstream>
using namespace std;
void main()
{
    ifstream fp;                        //定义文件对象
    fp.open("F04.txt",ios::in);         //利用文件对象读方式打开 F04.TXT
    int i,a[10],s=0;
    for(i=0;i<10;i++)
    {
        fp>>a[i];                       //从文件中读数据
        s+=a[i];
    }
    cout<<"s = "<<s<<endl;
    fp.close();
}
```

💻 **程序运行结果**（图 17-2）

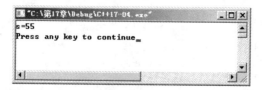

图 17-2　C++ 17-04.CPP 运行结果

☎ **知识要点分析**

- 数据间用空格分隔或回车换行在读取的时候可以直接读取,如 fp >> a[i]。
- 用 fscanf(fp,"%d",&a[i])读取时要给一个变量的地址,而 fp >> a[i]是直接给变量。

17.6.5 利用文件指针写字符

📖 **案例描述**

用文件指针将 26 个大写英文字母写入文本文件 F05.TXT 中,保存程序文件名为 C++ 17-05.CPP。

✍ **案例实现**

```
# include < iostream >
# include < fstream >
using namespace std;
void main()
{
    int i;                          //i 可以是整型也可以是字符型
    FILE * fp;
    fp = fopen("F05.txt","w");
    for(i = 65;i < = 90;i ++ )
    {
        //fprintf(fp,"%c",i);
        fputc(i,fp);
    }
    fclose(fp);
}
```

🖥 **程序运行结果**

直接写入文本文件 F05.TXT 中,打开 F05.TXT 查看结果。

☎ **知识要点分析**

fprintf(fp,"%c",i)与 fputc(i,fp)写入结果一样。

17.6.6 利用文件指针读字符

📖 **案例描述**

用文件指针从文本文件 F06.TXT 中读取 26 个大写英文字母到字符串数组 a 并输出,保存程序文件名为 C++ 17-06.CPP。

✍ **案例实现**

```
# include < iostream >
# include < fstream >
using namespace std;
void main()
{
    int i;
    char a[26];
    FILE * fp;
```

```
fp = fopen("F06.txt","r");
for(i = 0;i < 26;i + + )
{
    //fscanf(fp,"%c",&a[i]);
    a[i] = fgetc(fp);
}
a[26] = 0;
cout <<"a = "<< a << endl;
fclose(fp);
}
```

🖳 程序运行结果（图 17-3）

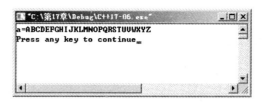

图 17-3　C++ 17-06.CPP 运行结果

☎ 知识要点分析

fscanf(fp,"%c",&a[i])与 a[i] = fgetc(fp)读取字符的效果相同。

17.6.7　利用文件对象写字符

📖 案例描述

用文件对象将 26 个大写英文字母写入文本文件 F07.TXT 中,保存程序文件名为
C++ 17-07.CPP。

✍ 案例实现

```
# include < iostream >
# include < fstream >
using namespace std;
void main( )
{
    ofstream fp;
    fp.open("F07.txt",ios::out);
    char i;
    for(i = 65;i < = 90;i + + )
    {
        //fp << i;                        //i 必须为字符型,不能为整型
        fp.put(i);                        //i 可以是整型也可以是字符型
    }
    fp.close( );
}
```

🖳 程序运行结果

直接写入文本文件 F07.TXT 中,打开 F07.TXT 查看结果。

- i 为字符型 fp<<i 和 fp.put(i)写入结果一样。
- i 为整型,fp<<i 写入的是整数,fp.put(i)是将整型转换为字符写入。

17.6.8 利用文件对象读字符

📖 **案例描述**

用文件对象从文本文件 F08.TXT 中读取 26 个大写英文字母到字符串数组 a,并输出,保存程序文件名为 C++ 17-08.CPP。

✍ **案例实现**

```cpp
#include<iostream>
#include<fstream>
using namespace std;
void main()
{
    ifstream fp;
    fp.open("F08.txt",ios::in);
    int i;
    char a[26];
    for(i=0;i<26;i++)
    {
        fp.get(a[i]);
    }
    a[26]=0;
    cout<<"a = "<<a<<endl;
    fp.close();
}
```

💻 **程序运行结果**(图 17-4)

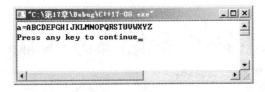

图 17-4　C++ 17-08.CPP 运行结果

☏ **知识要点分析**

- fp.get(a[i]);读取字符给 a 数组的各个下标。
- a[26]=0;字符串末尾加结束符。

17.6.9 利用文件指针写字符串

📖 **案例描述**

利用文件指针,输入 3 行字符串,写入文本文件 F09.TXT 中,每行字符串最多 100 个字符,保存程序文件名为 C++ 17-09.CPP。

235

✍ **案例实现**

```
# include < iostream >
# include < fstream >
using namespace std;
void main( )
{
    FILE  * fp;
    char k[3][100];
    fp = fopen("F09. txt", "w");
    int i;
    for(i = 0;i < 3;i + + )
    {
        cout <<"请输入第"<< i+1 <<"行字符串: ";
        cin. getline(k[i],100,'\n');
        //fprintf(fp, "%s\n",k[i]);
        fputs(k[i],fp);
        fputs("\n",fp);
    }
    fclose(fp);
}
```

🖥 **程序运行结果**（图 17-5）

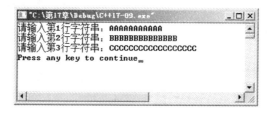

图 17-5　C++ 17-09. CPP 运行结果

☏ **知识要点分析**

- cin. getline(k[i],100,'\n')输入字符串,最多 100 个,遇到\n 结束。
- fprintf(fp, "%s\n",k[i])与 fputs(k[i],fp)写入效果相同,fputs("\n",fp)在每行的后面加\n 结束。

17.6.10　利用文件指针读字符串

📖 **案例描述**

利用文件指针,读取 3 行字符串,并在显示器上输出,每行字符串最多 100 个字符,保存程序文件名为 C++ 17-10. CPP。

✍ **案例实现**

```
# include < iostream >
# include < fstream >
using namespace std;
void main()
{
```

```
    int i = 0,j;
    char k[3][100];
    FILE * fp;
    fp = fopen("F10.txt","r");
    //while(!feof(fp))
    //while(feof(fp) == false)
    while(feof(fp) == 0)
    {
        //fscanf(fp,"%s",k[i]);
        fgets(k[i],100,fp);
        i++;
    }
    j = i-1;
    for(i = 0;i < j;i++)
    {
        cout <<"k["<< i <<"] = "<< k[i];
    }
    fclose(fp);
}
```

🖳 **程序运行结果（图 17-6）**

图 17-6   C++ 17-10.CPP 运行结果

☎ **知识要点分析**

- while(! feof(fp))、while(feof(fp) == false)、while(feof(fp) == 0)三行作用相同，判断如果 fp 没有到文件尾进行循环。
- 使用 while 是不知道文件中有多少行时，用 i 来作为行的计数。
- fgets(k[i],100,fp)从 fp 每次读取一行，每行最多读 100 个字符。

17.6.11   利用文件对象写字符串

📖 **案例描述**

利用文件对象，输入 3 行字符串，写入文本文件 F11.TXT 中，每行字符串最多 100 个字符，保存程序文件名为 C++ 17-11.CPP。

✍ **案例实现**

```
#include <iostream>
#include <fstream>
using namespace std;
void main()
{
    int i;
```

```
char k[3][100];
ofstream fp;
fp.open("F11.txt",ios::out);
for(i = 0;i < 3;i++)
{
    cout <<"请输入第"<< i+1 <<"行字符串:";
    cin.getline(k[i],100,'\n');
    fp << k[i];
    fp << endl;
}
fp.close();
}
```

📖 程序运行结果（图 17-7）

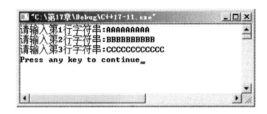

图 17-7　C++ 17-11.CPP 运行结果

☎ 知识要点分析

- fp << k[i]将字符串写入文件。
- fp << endl 写入一行英文后加换行符。

17.6.12　利用文件对象读字符串

📖 案例描述

利用文件对象,读取 3 行字符串,并在显示器上输出,每行字符串最多 100 个字符,保存程序文件名为 C++ 17-12.CPP。

✍ 案例实现

```
#include <iostream>
#include <fstream>
using namespace std;
void main()
{
    int i = 0,j;
    char k[3][100];
    ifstream fp;
    fp.open("F12.txt",ios::in);
    //while(!fp.eof())
    //while(fp.eof() == false)
    while(fp.eof() == 0)
    {
        fp.getline(k[i],100,'\n');
        i++;
```

```
    }
    fp.close();
    j = i - 1;
    for(i = 0;i < j;i + +)
    {
        cout << "k[" << i << "] = " << k[i] << endl;
    }
}
```

📖 **程序运行结果（图 17-8）**

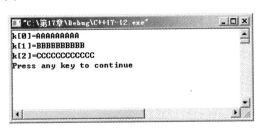

图 17-8　C++ 17-12. CPP 运行结果

☎ **知识要点分析**

● while(!fp. eof())、while(fp. eof() = = false)、while(fp. eof() = = 0)三行具有相同的作用,如果没有到文件尾则循环。

● fp. getline(k[i],100,'\n')从 fp 文件对象中读取一行字符串,最多读取 100 个字符,遇到\n 结束。

● 循环体中的 i 记载循环的行数。

17.7 本章课外实验

1. 将 1~100 之间被 3 和 7 同时整除的数用文件指针写到 KS01. TXT 中,保存程序文件名为 C++ 17-KS01. CPP。

2. 将 1~100 之间被 3 和 7 同时整除的数用文件对象写到 KS02. TXT 中,保存程序文件名为 C++ 17-KS02. CPP。

3. 用文件指针,通过写文件自定义函数,将 1~100 之间的奇数写入 KS03. DAT 中,然后将偶数累加到奇数的后面,保存程序文件名为 C++ 17-KS03. CPP。

4. 用文件对象,通过写文件自定义函数,将 1~100 之间的奇数写入 KS04. DAT 中,然后将偶数累加到奇数的后面,保存程序文件名为 C++ 17-KS04. CPP。

5. 将两位数的所有素数写入 KS05. TXT 中,保存程序文件名为 C++ 17-KS05. CPP。

6. 从 KS06. TXT 中读取若干个字符,然后输出,保存程序文件名为 C++ 17-KS06. CPP。

7. 求 4 位数中各个数位全是偶数的写入文本文件 KS07. TXT 中,保存程序文件名为 C++ 17-KS07. CPP。

8. 从 KS08. TXT 中读取 5 组一元二次方程的系数,分别求出方程的解,然后再保存到 KS08. TXT 中,保存程序文件名为 C++ 17-KS08. CPP。

附录 A 课外实验参考答案

第 1 章   C++概述

1. 输入梯形的上底、下底、高,求梯形的面积。

```
#include<iostream>
using namespace std;
void main()
{
    int a,b,h,s;
    cout<<"请输入上底 a:";
    cin>>a;
    cout<<"请输入下底 b:";
    cin>>b;
    cout<<"请输入高 h:";
    cin>>h;
    s=(a+b)*h/2;
    cout<<"梯形的面积 s="<<s<<endl;
}
```

2. 输入梯形的上底、下底、高,利用自定义函数求梯形的面积。

```
#include<iostream>
using namespace std;
void main()
{
    int a,b,h,s;
    int txmj(int x,int y,int z);
    cout<<"请输入上底 a:";
    cin>>a;
    cout<<"请输入下底 b:";
    cin>>b;
    cout<<"请输入高 h:";
    cin>>h;
    s=txmj(a,b,h);
    cout<<"梯形的面积 s="<<s<<endl;
}
int txmj(int x,int y,int z)
{
    return (x+y)*z/2;
}
```

3. 输入两个数，用 4 个自定义函数对两个数进行加、减、乘、除四则运算。

```cpp
#include <iostream>
using namespace std;
void main()
{
    float a,b,c1,c2,c3,c4;
    cout <<"请输入一个数 a:";
    cin >> a;
    cout <<"请输入一个数 b:";
    cin >> b;
    float he(float x,float y);
    c1 = he(a,b);
    cout <<"a+b = "<< c1 << endl;
    float cha(float x,float y);
    c2 = cha(a,b);
    cout <<"a-b = "<< c2 << endl;
    float ji(float x,float y);
    c3 = ji(a,b);
    cout <<"a * b = "<< c3 << endl;
    float shang(float x,float y);
    c4 = shang(a,b);
    cout <<"a/b = "<< c4 << endl;
}
float he(float x,float y)
{
    return x+y;
}
float cha(float x,float y)
{
    return x-y;
}
float ji(float x,float y)
{
    return x * y;
}
float shang(float x,float y)
{
    return x/y;
}
```

第 2 章　C++数据类型

1. 输入半径求圆的周长和面积。

```cpp
#include <iostream>
using namespace std;
void main()
{
```

```
    int a,b;
    a = 'A';
    b = 3.1415926;
    cout <<"a = "<< a << endl;
    cout <<"b = "<< b << endl;
}
```

2. 把字符型数据、实型数据赋给整型变量,输出整型变量的结果。

```
#include < iostream >
using namespace std;
void main()
{
    double r = 10.0;
    cout <<"r = "<< r << endl;
    double l;
    l = 2 * 3.1416 * r;
    cout <<"l = "<< l << endl;
    double s = 3.1416 * r * r;
    cout <<"s = "<< s << endl;
}
```

第3章　C++运算符及表达式

1. 通过效果图中的数据进行位运算。

```
#include < iostream >
using namespace std;
void main()
{
    cout <<"36&12 = "<<(36&12)<< endl;        //按位与运算
    cout <<"36 ^ 12 = "<<(36 ^ 12)<< endl;     //按位异或运算
    cout <<"36|12 = "<<(36|12)<< endl;         //按位或运算
    cout <<"~36 = "<<(~36)<< endl;             //按位取反运算
    cout <<"4 << 3 = "<<(4 << 3)<< endl;
    cout <<"-4 << 3 = "<<(-4 << 3)<< endl;     //左位移运算
    cout <<"4 >> 3 = "<<(4 >> 3)<< endl;
    cout <<"-4 >> 3 = "<<(-4 >> 3)<< endl;     //右位移运算
}
```

2. 设 a = 1,b = 1,c = 3,求出 a 的值。

```
#include < iostream >
using namespace std;
void main()
{
    int a = 1, b = 1, c = 3;
    a += b+4;
    cout <<"a = "<< a << endl;
    a <<= c-2;
```

```
cout <<"a = "<< a << endl;
a * = 3;
cout <<"a = "<< a << endl;
a + = b + = c;
cout <<"a = "<< a << endl;
a - = b = + + c + 2;
cout <<"a = "<< a << endl;
}
```

3. 用条件运算符求 x 的绝对值,并将结果赋给 y。

```
# include < iostream >
using namespace std;
void main( )
{
    int x, y;
    cout <<"请输入 x 的值:";
    cin >> x;
    y = x > = 0?x: - x;
    cout <<"y = "<< y << endl;
}
```

4. 当 a = 2,b = 4,c = 6 时求等式 y = x = a+b,b+c 的值。

```
# include < iostream >
using namespace std;
void main( )
{
    int a = 2, b = 4, c = 6, x, y;
    y = (x = a+b),(b+c);
    printf("y = %d, x = %d", y, x);
}
```

5. 利用条件运算符判断输入的一个成绩,如果成绩≥90 分用 A 表示,60~89 分之间的用 B 表示,60 分以下的用 C 表示,然后输出这个学生的成绩和等级。

```
# include < iostream >
using namespace std;
int main( )
{
    int cj;
    char dj;
    cout <<"请输入一个成绩:";
    cin >> cj;
    dj = cj > = 90?'A':(cj > = 60?'B':'C');
    cout <<"你的成绩是:"<< cj <<",你的等级是:"<< dj << endl;
    return 0;
}
```

第4章 顺序结构与选择结构

1. 编写程序输入 a,b,c 三个整数,输出其中的最大值。

```cpp
#include<iostream>
using namespace std;
void main()

{
    int a,b,c,max;
    cout<<"请输入 a,b,c 三个数:";
    cin>>a>>b>>c;
    max=a;
    if(max<b) max=b;
    if(max<c) max=c;
    cout<<"三个数中最大的一个数是:"<<max<<endl;
}
```

2. 输入三角形的三条边 a,b,c,求三角形的面积。

```cpp
#include<iostream>
#include<cmath>
using namespace std;
void main()
{
    float a,b,c,t,s;
    cout<<"请输入三角形的三条边: ";
    cin>>a>>b>>c;                    //输入每个数回车后再输入下一个数
    t=1./2*(a+b+c);
    s=sqrt(t*(t-a)*(t-b)*(t-c));
    cout<<"三角形的面积是:"<<s<<endl;
}
```

3. 输入一元二次方程的三个系数 a,b,c,求一元二次方程的根。

```cpp
#include<iostream>
#include<cmath>
using namespace std;
void main()
{
    float a,b,c,x1,x2,det;
    cout<<"请输入 a:";
    cin>>a;
    cout<<"请输入 b:";
    cin>>b;
    cout<<"请输入 c:";
    cin>>c;
    det=b*b-4*a*c;
    if(det>=0)
    {
```

```
        x1 = (-b+sqrt(det))/(2 * a);
        x2 = (-b-sqrt(det))/(2 * a);
        cout <<"x1 = "<< x1 << endl;
        cout <<"x2 = "<< x2 << endl;
    }
    else cout <<"方程没有实解!"<< endl;
}
```

4. 用条件运算符求三个数中最大的一个数。

```
#include < iostream >
using namespace std;
void main()
{
    int a, b, c, max;
    cout <<"输入 a, b, c:";
    cin >> a >> b >> c;
    max = (a > b?a:b)> c?(a > b?a:b):c;
    cout <<"三个数最大的数是:"<< max << endl;
}
```

5. 用条件运算符求 y 的值,y = $\begin{cases} -1 & x < 0 \\ 0 & x = 0 \\ 1 & x > 0 \end{cases}$。

```
#include < iostream >
using namespace std;
void main()
{
    int x, y;
    cout <<"请输入 x 的值:";
    cin >> x;
    y = x > 0?1:(x == 0?0:-1);
    cout <<"y = "<< y << endl;
}
```

6. 输入一个百分制成绩,要求输出等级为 A(90~100),B(80~89),C(70~79),D(60~69),E(60 以下)。

```
#include < iostream >
using namespace std;
void main()
{
    int cj, pd;
    char dj;
loop:
    cout <<"请输入一个成绩 :";
    cin >> cj;
    if (cj < 0 || cj > 100) goto loop;
    else pd = cj/10;
```

```
    switch (pd)
    {
    case 10:
    case 9:dj = 'A';break;
    case 8:dj = 'B';break;
    case 7:dj = 'C';break;

    case 6:dj = 'D';break;
    default:dj = 'E';
    }
    cout <<"cj = "<< cj <<",等级是:"<< dj << endl;
}
```

7. 运输公司对用户计算运费。

```
# include < iostream >
using namespace std;
void main()
{
    float s,p,a,b;
    cout <<"请输入基本运费 a:";
    cin >> a;
    cout <<"请输入货物重量 b:";
    cin >> b;
pay:
    cout <<"请输入路程 s:";
    cin >> s;
    if (s <= 0) goto pay;
    else
    {
        if (s < 500) p = a * b * s;
        else if (s < 1000) p = a * b * s * (1—0.02);
        else if (s < 2000) p = a * b * s * (1—0.05);
        else if (s < 3000) p = a * b * s * (1—0.08);
        else if (s < 5000) p = a * b * s * (1—0.1);
        else p = a * b * s * (1—0.15);
    }
    cout <<"p = "<< p << endl;
}
```

8. 使用 switch 语句完成第 7 题同样的问题。

```
# include < iostream >
using namespace std;
void main()
{
    int c,s;
    float p,a,b;
    cout <<"请输入基本运费 a:";
    cin >> a;
    cout <<"请输入货物重量 b:";
    cin >> b;
```

```
cout <<"请输入路程 s:";
cin >> s;
if(s > = 5000) c = 10;
else c = s/500;
switch (c)
{
    case 0: p = a * b * s;break;
    case 1: p = a * b * s * (1-0.02);break;
    case 2: p = a * b * s * (1-0.05);break;
    case 3:
    case 4: p = a * b * s * (1-0.08);break;
    case 5:
    case 6: p = a * b * s * (1-0.1);break;
    case 7:
    case 8:
    case 9:
    default: p = a * b * s * (1-0.15);break;
}
cout <<"p = "<< p << endl;
}
```

第 5 章　循　环　结　构

1. 通过自定义函数,输出 10～20 之间的所有素数。

```
# include < iostream >
using namespace std;
void main()
{
    int i, cnt = 0, ss(int n);
    for (i = 10;i < = 20;i ++ )
        if (ss(i) == 1)
        {cout << i << endl;
        cnt ++ ;
        }
    cout <<"总数是:"<< cnt << endl;
}
int ss(int n)
{
    int bj,i;
    bj = 1;
    for (i = 2;i < = n-1;i ++ )
        if (n%i == 0)
            {
            bj = 0;
            break;
            }
    return bj;
}
```

2. 输出 fibonacci 数列的前 40 项：1,1,2,3,5,…,要求每行输出 4 列。

```cpp
# include < iostream >
# include < iomanip. h >
using namespace std;
void main()
{
    long int f1,f2,i;
    f1 = 1;
    f2 = 0;
    for (i = 1;i <= 20;i ++)
        {
        f1 = f1 + f2;
        f2 = f2 + f1;
        cout << setw(15)<< f1 << setw(15)<< f2;
        if (i%2 == 0) cout << endl;
        }

}
```

3. 输出九九乘法表。

```cpp
# include < iostream >
using namespace std;
void main()
{
    int i,j;
    for(i = 1;i <= 9;i ++)
    {
    for(j = 1;j <= i;j ++)
        cout << j <<"×"<< i <<" = "<< i * j <<" ";
        cout << endl;
    }
}
```

4. 计算 S = 1 + 1/3 + 1/5 + … + 1/(2n−1),n 由键盘输入。

```cpp
# include < iostream >
using namespace std;
void main()
{
    int i,n;
    float s = 0;
    cout <<"请输入 n:";
    cin >> n;
    for (i = 1;i <= n;i ++)
    {
        s = s + 1./(2 * i−1);
    }
    cout <<"s = "<< s << endl;
}
```

5. 输出三位数的水仙花数。

```cpp
#include <iostream>
#include <cmath>
using namespace std;
void main()
{
    int gw,sw,bw,i;
    for(i = 100;i < 1000;i ++)
    {
        gw = i%10;
        sw = i/10%10;
        bw = i/100;
        if (pow(gw,3)+pow(sw,3)+pow(bw,3) == i) cout << i << endl;
    }
}
```

6. 猴子吃桃问题。

```cpp
#include <cstdlib>
#include <iostream>
using namespace std;
int main()
{
    int day, num = 1;                //定义两个变量 ,day 是天数,num 是第一天的桃子个数
    for ( day = 9; day > 0; day-- )  //一共要算 9 天,因为第 10 天没有吃
    {
        num = (num+1) * 2;           //从最后一天算起,注意,前一天个数总要是当天个数
                                     //+1 后的 2 倍.这样往前推
    }
    cout <<"第一天摘了"<< num <<"个桃子."<< endl;
    system("PAUSE");
}
```

7. 百钱百鸡问题。

```cpp
#include <iostream>
using namespace std;
void main()
{
    int x,y,z;
    for(x = 0;x < 20;x ++)
        for(y = 0;y < 33;y ++)
            for(z = 0;z < 100;z ++)
                if((5 * x+3 * y+z/3 == 100)&&(x+y+z == 100)&&(z%3 == 0))
                    cout <<"公鸡是:"<< x <<"母鸡是:"<< y <<"小鸡是:"<< z << endl;
}
```

8. 鸡兔同笼问题。

```cpp
#include<iostream>
using namspace std;
void main()
{
    int x,y;
    for(x=1;x<=46;x++)
        for(y=1;y<=32;y++)
            if(x+y==46 && x*2+y*4==128)
                cout<<"鸡是:"<<x<<"兔是:"<<y<<endl;
}
```

9. 求 100~1000 之间有多少个回文数。

```cpp
#include<iostream>
using namespace std;
void main()
{
    int i,hws(int n),cnt=0;
    for(i=100;i<1000;i++)
        if(hws(i)==1)
        {
            printf("%d\t",i);
            cnt++;
        }
    cout<<"\n回文数的个数是:"<<cnt<<endl;
}
int hws(int n)
{
    int p,k=0;
    p=n;
    while(p!=0)
    {
        k=k*10+p%10;
        p/=10;
    }
    if(k==n) return 1;
        else return 0;
}
```

10. 同构数。

```cpp
#include<iostream>
using namespace std;
void main()
{
    int i,sqr;
    for(i=1;i<=100;i++)
    {
        if(i<10) sqr=i*i%10;
        else if(i<100) sqr=i*i%100;
```

```
            if (sqr == i) cout << i << endl;
        }
}
```

11. 最大公约数和最小公倍数。

```
#include<iostream>
using namespace std;
void main()
{
    int x,y,i,zj;
    cout <<"输入两个数 x 和 y: ";
    cin >> x >> y;
    if(x < y)
    {
        zj = x;
        x = y;
        y = zj;
    }
    for(i = y;i >= 1;i--)
        if(x%i == 0 && y%i == 0)break;
    cout << x <<"和"<< y <<"的最大公约数是:"<< i << endl;
    cout << x <<"和"<< y <<"的最小公倍数是:"<< x * y/i << endl;
}
```

第6章　一维数组与指针

1. 把数组中的 10 个数逆序输出。

```
#include<iostream>
using namespace std;
void main()
{
    int i,a[10];
    for(i = 0;i < 10;i++)
        a[i] = i;
    for(i = 9;i >= 0;i--)
        cout <<"a["<< i <<"] = "<< a[i]<< endl;
}
```

2. 从键盘输入 10 个数,用冒泡法进行排序,按从小到大的顺序输出。

```
#include<iostream>
#include<iomanip>
using namespace std;
void main()
{
    int a[10],zj,i,j;
    for(i = 0;i < 10;i++)
    {
```

```
            cout <<"请输入第"<< i+1 <<"个数：";
            cin >> a[i];
        }
    for(i = 0;i < 9;i ++)
        for(j = 0;j < 9-i;j ++)
            if(a[j]> a[j+1])
            {
                zj = a[j];
                a[j] = a[j+1];
                a[j+1] = zj;
            }
            for(i = 0;i < 10;i ++)
                cout << setw(5)<< a[i];
            cout << endl;
}
```

3. 通过指针变量把两个数互换。

```
# include < iostream >
using namespace std;
void swap(int * , int * );
void main()
{
    int a,b, * p1, * p2;
    a = 3;
    b = 4;
    p1 = &a;
    p2 = &b;
    swap(p1,p2);
    cout <<"a = "<< a <<", b = "<< b << endl;
}
void swap(int  * p1,int  * p2)
{
    int p;
    p = * p1;
    * p1 = * p2;
    * p2 = p;
}
```

4. 输入三个数,用指针变量按从小到大的顺序输出。

```
# include < iostream >
using namespace std;
void main()
{
    int a,b,c, * p1, * p2, * p3;
    void swap(int  * ,int  * );
    cout <<"输入三个数 a,b,c:";
    cin >> a >> b >> c;
    p1 = &a;
    p2 = &b;
    p3 = &c;
```

```
        if( * p1 > * p2)swap(p1,p2);
        if( * p1 > * p3)swap(p1,p3);
        if( * p2 > * p3)swap(p2,p3);
        cout << a << endl << b << endl << c << endl;
    }
    void swap(int  * p1,int  * p2)
    {
        int p;
        p = * p1;
         * p1 = * p2;
         * p2 = p;
    }
```

5. 用指针变量输出数组中 10 个数的地址及地址内的数据,要求把最后一个数的地址赋给指针变量,然后按顺序输出地址及地址内的数据。

```
# include < iostream >
# include < iomanip >
using namespace std;
void main()
{
    short int k[10] = {10,20,30,40,50,60,70,80,90,100};
    short int  * p;
    int i;
    p = &k[9];
    for(i = 9;i > = 0;i--)
    {
        //cout <<"k["<< i <<"] = "<< p--<< endl;
        //printf("k[%d] = %d\n",i,  p--);
        //printf("k[%d] = %d\n",i,  * p--);
        //printf("k[%d] = %d\n",i,  * (p-(9-i)));
        printf("k[%d] = %d\n",i,  * ((k+9)-(9-i)));
    }
```

6. 用指针变量求数组中 10 个数的最大数和最小数。

```
# include < iostream >
# include < iomanip >
using namespace std;
void main()
{
    int k[10] = {30,70,40,10,80,100,50,90,60,20};
    int max,min,i,  * p;
    p = k;
    max = min = * p;
    for(i = 1;i < 10;i ++ )
    {
        if(max < * (p+i)) max = * (p+i);
        if(min > * (p+i)) min = * (p+i);
    }
    cout <<"max = "<< max << endl;
```

```
        cout <<"min = "<< min << endl;
}
```

第7章　二维数组与指针

1. 一个 a[5][5]的数组,求每行的和。

```cpp
#include<iostream>
using namespace std;
void main()
{
    int a[5][5] = {{1,2,3,4,5},{6,7,8,9,10},{11,12,13,14,15},{16,17,18,19,20},{21,22,
23,24,25}};
    int i,j,sum;
    for (i = 0;i < 5;i++)
    {
        sum = 0;
        for (j = 0;j < 5;j++)
        {
            sum += a[i][j];
        }
        cout <<"sum["<< i <<"] = "<< sum << endl;

    }
}
```

2. 一个 a[5][5]的数组,求每行的平均值。

```cpp
#include<iostream>
using namespace std;
void main()
{
    int a[5][5] = {{1,2,3,4,5},{6,7,8,9,10},{11,12,13,14,15},{16,17,18,19,20},{21,22,
23,24,25}};
    int i,j,sum;
    double pjz[5];
    for (i = 0;i < 5;i++)
    {
        sum = 0;
        for (j = 0;j < 5;j++)
        {
            sum += a[i][j];
        }
        pjz[i] = sum/5.;
        cout <<"pjz["<< i <<"] = "<< pjz[i]<< endl;
    }
}
```

254

3. 把一个二行三列的数组行列互换,存到另一个二维数组中。

```cpp
#include<iostream>
using namespace std;
void main()
{
    int a[2][3] = {{1,2,3},{4,5,6}};
    int b[3][2],i,j;
    for (i = 0;i < 2;i++)
        for (j = 0;j < 3;j++)
            b[j][i] = a[i][j];
    for (i = 0;i < 3;i++)
    {
        for (j = 0;j < 2;j++)
        cout <<"b["<<i<<"]"<<"["<<j<<"] = "<<b[i][j]<<" ";
        cout << endl;
    }
}
```

4. 一个 a[3][4]数组,把各个下标的值分别赋给一维数组 b,然后用三行四列的格式输出。

```cpp
#include<iostream>
#include<iomanip>
using namespace std;
void main()
{
    int a[3][4] = {{1,2,3,4},{5,6,7,8},{9,10,11,12}};
    int i,j,k = 0,b[12];
    for (i = 0;i < 3;i++)
        for (j = 0;j < 4;j++)
            {
            b[k] = a[i][j];
            k++;
            }
    for (k = 0;k < 12;k++)
        {
        cout << setw(5)<<b[k];
        if ((k+1)%4 == 0) cout << endl;
        }
}
```

第8章　字符数组与指针

1. 将 26 个大写英文字母存入数组 k 中。

```cpp
#include<iostream>
using namespace std;
#include<string>
void main()
```

```
{
    char k[27];
    int i;
    for(i = 65;i <= 90;i++)
    {
        k[i-65] = i;
    }
    //k[26] = 0;
    k[26] = '\0';
    cout <<"k = "<< k << endl;
}
```

2. 将两个字符串数组连接到一个新的字符串数组中。

```
# include < iostream >
# include < string >
using namespace std;
void main()
{
    static char c1[] = "abcdef",c2[] = "1234567",c[100];
    int i,j;
    for (i = 0;i < strlen(c1);i++)
        c[i] = c1[i];
    i = strlen(c1);
    for (j = 0;j < strlen(c2);j++)
        c[i+j] = c2[j];
    puts(c);
}
```

3. 有 c1、c2 两个字符串数组中相同的字母取出存入数组 c 中。

```
# include < iostream >
# include < string >
using namespace std;
void main()
{
    string c1,c2;
    char c[100];
    int i,j,k = 0;
    cout <<"输入第一个字符串:";
    cin >> c1;
    cout <<"输入第二个字符串:";
    cin >> c2;
    for (i = 0;c1[i]! = '\0';i++)
        for (j = 0;c2[j]! = '\0';j++)
            if (c1[i] == c2[j])
            {
                c[k] = c1[i];
                k++;
            }
    c[k] = '\0';
    cout << c << endl;
}
```

4. 把一个字符串中所有相同的字母删除。

```cpp
#include<iostream>
#include<string>
using namespace std;
void main()
{
    char zfc[1000];
    cout<<"请输入一个字符串:";
    gets(zfc);
    int i,j,k,l;
    l=strlen(zfc);
    for(i=0;i<l-1;i++)
        for(j=i+1;j<l;j++)
            if(zfc[i]==zfc[j])
            {
                for(k=j;k<l-1;k++)
                    zfc[k]=zfc[k+1];
                zfc[l-1]='\0';
                l=strlen(zfc);
                j--;
            }
    puts(zfc);
}
```

5. 通过自定义函数,利用数组传递求一个字符串中最大的字符。

```cpp
#include<iostream>
using namespace std;
void main()
{
    char zfc[1000],cmax(char zfc[]);
    cout<<"输入一个字符串:";
    cin>>zfc;
    cout<<"最大的字符是:"<<cmax(zfc)<<endl;
}
char cmax(char zfc[])
{
    char zf;
    int i;
    zf=zfc[0];
    for (i=1;i<strlen(zfc);i++)
    if (zf<zfc[i]) zf=zfc[i];
    return zf;
}
```

6. 求子串在第一个字符串中出现的次数。

```cpp
#include<iostream>
#include<string>
using namespace std;
void main()
```

```
{
    char a[100],s[100];
    int i,j,flag,sum = 0;
    printf("请输入第一个字符串: \n");
    gets(a);
    printf("请输入子串: \n");
    gets(s);
    for(i = 0;i < strlen(a);i + + )
    {
        flag = 0;
        for(j = 0;j < strlen(s);j + + )
        {
            if(s[j] = = a[i+j])
            flag + + ;
        }
            if(flag = = strlen(s))
            sum + + ;
    }
            printf("子串在第一个字符串中的个数为: %d\n",sum);
}
```

7. 输入三个字符串,然后排序。

```
# include < iostream >
using namespace std;
# include < string >
void main()
{
    char str1[20],str2[20],str3[20];
    void swap(char * ,char * );
    printf("输入三个字符串:\n");
gets(str1);
gets(str2);
gets(str3);
    if(strcmp(str1,str2)> 0) swap(str1,str2);
    if(strcmp(str1,str3)> 0) swap(str1,str3);
    if(strcmp(str2,str3)> 0) swap(str2,str3);
    printf("输出比较后从小到大的结果: \n");
    printf("%s\n%s\n%s",str1,str2,str3);
    system("pause");
}
    void swap(char * p1,char * p2)
    {
        char p[20];
        strcpy(p,p1);
        strcpy(p1,p2);
        strcpy(p2,p);
    }
```

第9章 自定义函数与参数传递

1. 在三位整数(100~999)中寻找符合条件的整数并依次从小到大存入数组 a 中；它既是完全平方数，又是两位数字相同。

```cpp
# include < iostream >
# include < cmath >
using namespace std;
int jsValue(int b[]);
void main()
{
    int a[1000], num, i;
    num = jsValue(a);
    for(i = 0; i < num; i + + )
    {
        cout << a[i]<<" ";
    }
    cout << endl;
}

int jsValue(int b[])
{
    int i, cnt = 0, pf, gw, sw, bw;
    for(i = 10; i < sqrt(1000); i + + )
    {
    pf = i * i;
    gw = pf%10;
    sw = pf/10%10;
    bw = pf/100;
    if(gw = = sw||sw = = bw||bw = = gw)
        {
            b[cnt] = i * i;
            cnt + + ;
    }    }
    return cnt;
}
```

2. 数组 a 中有 10 个实数，利用自定义函数求出这 10 个实数的整数部分值之和 s_int 以及其小数部分值之和 s_dec。

```cpp
# include < iostream >
using namespace std;
void func(int  * p1, double  * p2, double  * b);
void main()
{
    double a[10] = {1.5, 2.3, 3.4, 4.5, 5.4, 6.2, 7.1, 8.7, 9.6, 10.8};
    int i, s_int = 0;
    double s_dec = 0;
    func(&s_int, &s_dec, a);
```

```
        cout <<"整数之和是:"<< s_int << endl;
        cout <<"小数之和是:"<< s_dec << endl;
}
//a是一维数组的首地址,传给了指针变量b,该指针变量可以当数组使用,也可以当指针变量使用
void func(int * p1,double * p2,double * b)
{
    int i;
    for(i = 0;i < 10;i ++ )
    {
        * p1 += (int)b[i];              //b当数组使用
        * p2 += b[i] - (int)b[i];
    }
}
```

3. 利用自定义函数求出 ss 字符串中指定字符 c 的个数,并返回此值。请编写函数 int num(char * ss, char c) 实现程序要求。

```
# include < iostream >
using namespace std;
int num(char * ss, char c);
void main()
{
    char a[1000],c;
    printf("请输入一行字符串:"); gets(a);
  printf("请输入一个字符:"); c = getchar();
  printf("字符在字符串中的个数是:%d\n", num(a, c));

}
// * ss 可以当指针变量使用,也可以当数组使用
int num(char * ss, char c)
{
    int i,cnt = 0;
    for(i = 0;i < strlen(ss);i ++ )
    {
        //if(ss[i] == c) cnt ++ ;
        if( * (ss+i) == c) cnt ++ ;
    }
    return cnt;
}
```

4. 把 s 字符串中的所有字符左移一个位置,串中的第一个字符移到最后。请编写函数 fs(chr * s)实现程序要求。

```
# include < iostream >
using namespace std;
void fs(char * s);
void main()
{
    char a[1000];
    printf("请输入一行字符串:");
    gets(a);
```

```
        fs(a);
        printf("移动后的字符串是:%s\n",a);

}
void fs(char * s)
{
        int i,l;
        char zj;
        zj = * s;
        l = strlen(s);
        for(i = 0;i < l-1;i ++)
        {
                * (s+i) = * (s+i+1);
        }
        * (s+l-1) = zj;
}
```

5. 写函数 void c_Value(int * a,int * n),它的功能是:求出 1~100 之内能被 7 或 11 整除但不能同时被 7 或 11 整除的所有整数放在数组 a 中,并通过 n 返回这些数的个数,每行 4 个数进行输出。

```
# include < iostream >
using namespace std;
void c_Value(int * b,int * n);
void main()
{
        int a[100],n,i;
        c_Value(a,&n);
        for(i = 0;i < n;i ++)
        if((i+1)%5 == 0)printf("\n");
        else printf("%5d",a[i]);
        printf("\n");
}
void c_Value(int * b,int * n)
{
        int i;
        * n = 0;
        for(i = 1;i < 100;i ++)
                {
                        if((i%7 == 0 || i%11 == 0) && i%77! = 0)
                        {
                                b[ * n] = i;
                                ( * n) ++;
                        }
                }
}
```

6. 用递归求 1~100 的和。

```
# include < iostream >
using namespace std;
```

```cpp
void main()
{
    int s, i = 100, sum(int i);
    s = sum(i);
    cout << "s = " << s << endl;
}
int sum(int i)
{
    static int s = 0;
    s += i;
    i--;
    if(i == 0) return s;
    else sum(i);
}
```

7. 用递归输出两位数的所有素数。

```cpp
# include < iostream >
using namespace std;
bool ss(int n)
{
    static int i = 2;
    if(n % i == 0)
    {
        i = 2;
        return false;
    }
    else
    {
        i++;
        if(i == n){i = 2; return true;}
        ss(n);
    }
}
void main()
{
    int i;
    for(i = 10; i < 100; i++)
    {
        if(ss(i) == true)
        {
            cout << i << '\t';
        }
    }
}
```

第 10 章　变量的作用域

1. 通过静态变量和外部递归函数求 1~100 的和。

```cpp
# include < iostream >
```

```cpp
# include < FUNC.CQQ >
using namespace std;
void main()
{
    int s,i = 1;
    extern int sum(int i);
    s = sum(i);
    cout <<"s = "<< s << endl;
}
```

FUN.CQQ 文件中:

```cpp
int sum(int i)
{
    static int s = 0;
    s += i;
    i ++ ;
    if(i == 101) return s;
    else sum(i);
}
```

2. 利用外部函数,把 20~30 之间的偶数分解成两个素数的和。

```cpp
# include < iostream >
# include < FUNC.CQQ >
using namespace std;
void main()
{
    int i,j,s;
    extern int ss(int n);
    for(i = 20;i <= 30;i += 2)
        for(j = 2;j < i/2;j ++ )
            {
                s = ss(j) + ss(i-j);
                if(s == 2) cout << i <<" = "<< j <<"+"<< i-j << endl;
            }
}
```

FUN.CQQ 文件中:

```cpp
int ss( int n)
{
    int bj = 1,i;
    for(i = 2;i < n;i ++ )
        {
        if(n%i == 0)
            {
            bj = 0;
            break;
            }
        }
    return bj;
}
```

3. 定义一个静态变量的数组,把一个数插入到一个升序的数组中,插入后的顺序仍然是升序。

```cpp
#include<iostream>
using namespace std;
void main()
{
    static int a[11] = {1,20,30,40,50,60,70,80,90,100};
    int i,j,n;
    cout<<"请输入一个数 n:";
    cin>>n;
    for(i=0;i<=9;i++)
     if(n<a[i])
     {
         for(j=10;j>=i;j--)
             a[j] = a[j-1];
         a[i] = n;
         break;
     }
     else a[10] = n;
    for(i=0;i<=10;i++)
        cout<<"a["<<i<<"] = "<<a[i]<<endl;
}
```

4. 用静态变量和自定义函数求一个字符串数组的最大下标,即字符串的长度。

```cpp
#include<iostream>
#include<string>
using namespace std;
void main()
{
    string zfc;
    cout<<"请输入一个字符串";
    cin>>zfc;
    int i,s;
    int xb(); //定义下标函数
    for(i=0;zfc[i]!='\0';i++)
    {
        s = xb();
    }
    cout<<"字符串的下标个数为:"<<s<<endl;
}
int xb()
{
    static int cnt = 0;
    cnt++;
    return cnt;
}
```

第 11 章   结构体与共用体

1. 利用指针变量求张三、李四、王五三个学生的成绩总分。

```cpp
# include < iostream >
using namespace std;
void main()
{
    struct student
    {
        char xh[5];
        char xm[6];
        int cj;
    };
    int i,s = 0;
    student stu[3] = {{"1001","张三",80},{"1002","李四",90},{"1003","王五",70}};
    student * p;
    p = & stu[0];
    for (i = 0;i < 3;i ++ )
    {
        s = s + ( * p).cj;
        p ++ ;
    }
    cout <<"s = "<< s << endl;
}
```

2. 利用指针变量,输入三个学生的学号、姓名、成绩并求总分。

```cpp
# include < iostream >
using namespace std;
void main()
{

    int i,s = 0;
    struct xs
    {
        char xh[5];
        char xm[6];
        int cj;
    };
    struct xs stu[3], * p;
    p = stu;
    for (i = 0;i < 3;i ++ )
    {
        printf("请输入第%d个学生的学号,姓名,成绩:",i+1);
        //scanf("%s%s%d",( * p).xh,( * p).xm,( * p).cj);
        scanf("%s%s%d",p -> xh,p -> xm,& p -> cj);
        p ++ ;
    }
```

```
        p = stu;                              //重新定义指针为首地址
        for (i = 0;i < 3;i + + )
        {
            //s + = ( * p).cj;
            s + = p - > cj;
            p + + ;
        }
        printf("s = %d\n",s);
}
```

3. 通过结构体数组对张三、李四、王五三个学生的成绩进行升序排序,并输出排序结果。

```
# include < iostream >
# include < string >
using namespace std;
void main()
{
    typedef struct
    {
        char xh[5];
        char xm[11];
        int cj;
    }student;
    int i,j;
    student stu[3] = {{"1001","张三",90},{"1002","李四",70},{"1003","王五",80}};
    student zj;
    for(i = 0;i < 2;i + + )
        for(j = i+1;j < 3;j + + )
        {
            if(stu[i].cj > stu[j].cj)
            {
                zj = stu[i];
                stu[i] = stu[j];
                stu[j] = zj;
            }
        }
    for(i = 0;i < 3;i + + )
    {
        printf("xh = %s xm = %s cj = %d\n",stu[i].xh,stu[i].xm,stu[i].cj);
    }
}
```

4. 通过结构体定义学号、姓名以及英语、数学、语文三门课程的成绩,并定义总分。通过键盘输入三个学生的信息并求出总分,并将每个学生的总分输出。

```
# include < iostream >
# include < fstream >
using namespace std;
struct student
{
```

```
        char xh[5];
        char xm[10];
        float yy;
        float sx;
        float yw;
        float zf;
};
void main()
{
        int i;
        student k[3];
        for(i = 0;i < 3;i++)
        {
                cout <<"请输入学号:";
                cin >> k[i].xh;
                cout <<"请输入姓名:";
                cin >> k[i].xm;
                cout <<"请输入英语成绩:";
                cin >> k[i].yy;
                cout <<"请输入数学成绩:";
                cin >> k[i].sx;
                cout <<"请输入语文成绩:";
                cin >> k[i].yw;
                k[i].zf = k[i].yy+k[i].sx+k[i].yw;
        }
        for(i = 0;i < 3;i++)
        {
                cout << k[i].xm <<"的总分是:"<< k[i].zf << endl;
        }
}
```

第 12 章   类 与 对 象

1. 通过类与对象,定义公共的成员,输入两个学生的学号、姓名、成绩,然后输出。

```
# include < iostream >
using namespace std;
class student
{
public:
        char xh[5];
        char xm[11];
        float cj;
};
void main()
{
        class student stu1;
        cout <<"请输入学号:";
        cin >> stu1.xh;
```

```
    cout <<"请输入姓名:";
    cin >> stu1.xm;
    cout <<"请输入成绩:";
    cin >> stu1.cj;
    cout <<"stu1.xh = "<< stu1.xh << endl;
    cout <<"stu1.xm = "<< stu1.xm << endl;
    cout <<"stu1.cj = "<< stu1.cj << endl;
    class student stu2;
    cout <<"请输入学号:";
    cin >> stu2.xh;
    cout <<"请输入姓名:";
    cin >> stu2.xm;
    cout <<"请输入成绩:";
    cin >> stu2.cj;
    cout <<"stu2.xh = "<< stu2.xh << endl;
    cout <<"stu2.xm = "<< stu2.xm << endl;
    cout <<"stu2.cj = "<< stu2.cj << endl;
}
```

2. 通过成员函数,求字符串的长度,不能使用 strlen 函数。

```cpp
#include < iostream >
#include < fstream >
using namespace std;
class data
{
private:
    char k[1000];
public:
    int cd()
    {
        int i = 0,l = 0;
        while(i >= 0)
        {
            if(k[i] != '\0')
            {
                l++;
                i++;
            }
            else break;

        }
        return l;

    }
    data(char * p)                          //构造函数
    {
        strcpy(k,p);
    }
};
int main()
```

```
    {
        data n1("abcdef");
        cout <<"l = "<< n1.cd()<< endl;
        data n2("1234567");
        cout <<"l = "<< n2.cd()<< endl;
        data n3("j");
        cout <<"l = "<< n3.cd()<< endl;
        return 0;
    }
```

3. 通过有参和无参的构造函数重载求三个数的最大数。

```
# include < iostream >
# include < fstream >
using namespace std;
class maxdata
{
private:
    int a, b, c;
public:
    int max();
    maxdata();
    maxdata(int x, int y, int z);
};
void main()
{
    int k1, k2, k3, k;
    class maxdata n;
    k = n.max();
    cout <<"程序已给数据的最大数为:"<< k << endl;
    cout <<"请输入三个数:";
    cin >> k1 >> k2 >> k3;
    maxdata m(k1, k2, k3);
    k = m.max();
    cout <<"输入的三个数中最大数为:"<< k << endl;

}
int maxdata::max()
{
    int z;
    if(a > = b && a > = c) z = a;
    else if(b > = a && b > = c) z = b;
    else if(c > = 1 && c > = b) z = c;
    return z;
}
maxdata::maxdata()
{
    a = 100;
    b = 200;
    c = 300;
}
```

```
maxdata∷maxdata(int x,int y,int z)
{
    a = x;
    b = y;
    c = z;
}
```

4. 一个 3 行 5 列的二维数组,用数组成员和成员函数求每行的最大数,通过析构函数将结果保存到 MAX. TXT 文件中。

```cpp
#include<iostream>
#include<fstream>
using namespace std;
class arrdata
{
private:
    int k[3][5];
    int max[3];
public:
    void arr1();
    arrdata(int b[][5]);
    ~arrdata();
};
void main()
{
    int a[3][5] = {{1,2,3,4,5},{10,20,30,40,50},{500,400,300,200,100}};
    arrdata n(a);
    n.arr1();
}
//求 k 数组每行的最大数,存入成员数组 max 中
void arrdata∷arr1()
{
    int i,j;
    for(i = 0;i<3;i++)
    {
        max[i] = k[i][0];
        for(j = 1;j<5;j++)
        {
            if(k[i][j]>max[i]) max[i] = k[i][j];
        }
    }
}
//把 a 数组传给 b 数组,把 b 数组又传给了成员 k 数组
arrdata∷arrdata(int b[3][5])             //3 可以省略
{
    int i,j;
    for(i = 0;i<3;i++)
    {
        for(j = 0;j<5;j++)
        {
            k[i][j] = b[i][j];
```

```
        }
    }
}
//析构函数保存每行的最大数到文本文件
arrdata∷～arrdata()
{
    ofstream fp;
    fp.open("max.txt",ios∷app);
    int i;
    for(i = 0;i < 3;i + + )
    {
        fp << max[i]<<' ';
    }
    fp.close();
}
```

5. 利用类和对象,通过成员函数从文本文件 SUM. TXT 中读取若干个数,然后对这些数求和,把求和的结果利用成员函数再写回到 SUM. TXT 中。

```
# include < iostream >
# include < fstream >
using namespace std;
class Sumdata
{
private:
    int s;
    int k;
public:
    int sumr()
    {
        ifstream fpr("SUM.txt",ios∷in);
        s = 0;
        while(fpr.eof() = = 0)
        {
            fpr >> k;
            if(fpr.eof() = = 1) break;
            s + = k;
        }
        fpr.close();
        return s;
    }
    void sumw()
    {
        ofstream fpw("SUM.txt",ios∷app);
        fpw << s <<" ";
        fpw.close();
    }
};
void main()
{
    Sumdata n;
```

```
    int sum = 0;
    sum = n.sumr();
    cout << sum << endl;
    n.sumw();
}
```

6. 输入一行字符串,通过类与对象和成员函数,对字符串进行大小写转换。

```cpp
#include <iostream>
#include <fstream>
using namespace std;
class str
{
private:
    char k[1000];
public:
    void lw()
    {
        int i;
        for(i = 0; i < strlen(k); i++)
        {
            if(k[i] >= 65 && k[i] <= 90) k[i] += 32;
            else if(k[i] >= 97 && k[i] <= 122) k[i] -= 32;
            else;
        }
        cout << "k = " << k << endl;
    }
    str(char * p)
    {
        strcpy(k, p);
    }
};
void main()
{
    char a[1000];
    cout << "请输入字符串:";
    cin >> a;
    class str n(a);
    n.lw();
}
```

第 13 章　对象数组与指针

1. 通过对象数组,求三个梯形的面积。

```cpp
#include <iostream>
using namespace std;
class txdata
{
private:
```

```
        float h, a, b;
public:
        txdata(float x, float y, float z);        //构造函数
        float txmj();

};
void main()
{
        //声明对象数组
        txdata tx[3] = {txdata(1,2,3),txdata(10,20,30),txdata(100,200,300)};  //类型、个数要一致
        float s[3];                          //存放三个梯形的面积
        int i;
        for(i = 0;i < 3;i++)
        {
                s[i] = tx[i].txmj();
                cout <<"s["<< i <<"] = "<< s[i]<< endl;
        }
}
txdata::txdata(float x, float y, float z)
{
        a = x;
        b = y;
        h = z;
}
float txdata::txmj()
{
        return (a+b) * h/2;
}
```

2. 通过对象指针,输出三个学生的学号、姓名、成绩,并将三个学生的成绩求和输出。

```
# include < iostream >
# include < fstream >
using namespace std;
class student
{
private:
        char xh[5];
        char xm[10];
        float cj;
public:
        student(char pxh[], char pxm[], float pcj);
        float cjdata();
        void inlist();
};
void main()
{
        student stu[3] = {student("1001","张三",80),student("1002","李四",90),student("1003","王
五",70)};
        int i;
        float sum = 0;
```

```
        student * p;
        p = &stu[0];
        for(i = 0;i < 3;i++)
        {
            //sum += stu[i].cjdata();
            //sum += (* p).cjdata();
            sum += p -> cjdata();
            //stu[i].inlist();
            p -> inlist();
            p++;
        }
        cout <<"总分为:"<< sum << endl;
}
student::student(char pxh[],char pxm[],float pcj)
{
    strcpy(xh,pxh);
    strcpy(xm,pxm);
    cj = pcj;
}
float student::cjdata()
{
    return cj;
}
void student::inlist()
{
    cout <<"学号 = "<< xh << endl;
    cout <<"姓名 = "<< xm << endl;
    cout <<"成绩 = "<< cj << endl;
}
```

3. 输入梯形上底、下底和高,其中高定义为静态数据成员,求梯形面积。

```
#include < iostream >
using namespace std;
class txdata
{
private:
    float sd,xd;
public:
    static float h;                          //定义静态成员
    txdata(float psd,float pxd)
    {
        sd = psd;
        xd = pxd;
    }
    float area()
    {
        return (sd+xd) * h/2;
    }
};
float txdata::h = 0;
```

```
void main()
{
    float a,b,c;
    cout <<"请输入上底:";
    cin >> a;
    cout <<"请输入下底:";
    cin >> b;
    cout <<"请输入高:";
    cin >> c;
    txdata::h = c;
    txdata n(a,b);
    cout <<"梯形的面积为"<< n.area()<< endl;
}
```

4. 输入三个数,通过友元函数求三个数的和。

```
#include < iostream >
#include < fstream >
using namespace std;
class data
{
private:
    int a,b,c;
public:
    data(int x,int y,int z);
    friend int sum(data &database);
};
void main()
{
    int x,y,z,s = 0;
    cout <<"请输入三个数:";
    cin >> x >> y >> z;
    data n(x,y,z);
    s = sum(n);
    cout <<"三个数的和是:"<< s << endl;
}
data::data(int x,int y,int z)
{
    a = x;
    b = y;
    c = z;
}
int sum(data &database)
{
    return database.a+database.b+database.c;
}
```

第 14 章　运算符重载

1. 采用成员方式,通过运算符"−"重载,求两个复数的差,通过运算符"+"重载,求两个复数的和,并输出结果,主函数输入两个复数的实部和虚部,并将结果输出。

```cpp
#include<iostream>
using namespace std;
class XX
{
private:
    double x,y;
public:
    XX(double px = 0,double py = 0)
    {
        x = px;
        y = py;
    }
    XX operator -(XX &m)
    {
        return XX(x-m.x,y-m.y);
    }
    XX operator +(XX &n)
    {
        return XX(x+n.x,y+n.y);
    }
    void sc()
    {
        cout<<x<<","<<y<<endl;
    }
};
void main()
{
    int a,b,c,d;
    cout<<"请输入第一个数的实部";
    cin>>a;
    cout<<"请输入第一个数的虚部";
    cin>>b;
    cout<<"请输入第二个数的实部";
    cin>>c;
    cout<<"请输入第二个数的虚部";
    cin>>d;
    XX n1(a,b),n2(c,d),n3;
    n3 = n1-n2;
    cout<<"两个复数的差为";
    n3.sc();
    n3 = n1+n2;
    cout<<"两个复数的和为";
    n3.sc();
}
```

2. 定义一个对象(Sample),其含有一个数据成员(x),再采用成员方式,对自增(++)运算符重载,可以实现 Sample 对象的自增运算,并将结果输出。

```cpp
#include<iostream>
using namespace std;
class sample
```

```
{
    int x;
public:
    sample();
    void operator ++ ();
    void display();
};
sample::sample()
{
    x = 0;
}
void sample::display()
{
    cout <<"x = "<< x << endl;
}
void sample::operator ++ ()
{
    x ++ ;
}
void main()
{
    sample A;
    int i = 0;
    A.display();
    cout <<"i = "<< i << endl;
    A ++ ;
    i ++ ;
    cout <<"调用操作符 ++ 后…"<< endl;
    cout <<"i = "<< i << endl;
    A.display();
}
```

3. 采用成员函数方式,通过运算符"＋","－","＊","/"重载,求两个复数对象的和差积商,并将结果输出。

```
# include < iostream >
using namespace std;
class complex
{
private:
    double real, imag;
public:
    complex(double r = 0.0, double i = 0.0)
    {
        real = r;
        imag = i;
    }
    complex operator +(const complex & CC)
    {
        return complex(real+CC.real, imag+CC.imag);
    }
```

```cpp
        complex operator -(const complex &CC)
        {
            return complex(real-CC. real,imag-CC.imag);
        }
        complex operator * (const complex &CC)
        {
            return complex(real * CC. real-imag * CC. imag,real * CC. imag+imag * CC. real);
        }
        complex operator /(const complex &CC)
        {
        return complex((real * CC. real+imag+CC. imag)/(CC. real * CC. real+CC. imag * CC.
imag),(imag * CC. real-real * CC. imag)/(CC. real * CC. real+CC. imag * CC. imag));
        }
        void disp()
        {
            cout <<"("<< real <<"  ,  "<< imag <<"i"<<")"<< endl;
        }
};
void main()
{
    complex aa1(1.0,2.0),aa2(3.0,4.0),KK;
    KK = aa1+aa2;
    KK. disp();
    KK = aa1-aa2;
    KK. disp();
    KK = aa1 * aa2;
    KK. disp();
    KK = aa1/aa2;
    KK. disp();
}
```

4. 采用友元函数方式,通过"<<"和">>"运算符重载,实现对复数类对象的直接输入输出。

```cpp
# include < iostream >
using namespace std;
class Complex
{
private:
    double x,y;
public:
    Complex(double px = 0, double py = 0)          //为无参的时候准备值,赋予初始值,或
                                                   //者可以用构造函数重载使其有初始值

    {
        x = px;
        y = py;
    }
    friend ostream & operator <<(ostream & out,Complex &c1)   //返回值为输出流类型
    {
        out <<"("<< c1. x <<","<< c1. y <<")";                    //向输出流 out 中插入数据
        return out;
```

```
    }
    friend istream & operator >>(istream & in, Complex &c1)      //返回值为输入流类型
    {
        in >> c1.x >> c1.y;                                      //从输入流 in 中提取数据
        return in;
    }
};
void main()
{
    Complex a1;
    cout <<"请输入复数类对象的实部和虚部: "<< endl;
    cin >> a1;
    cout <<"a1:"<< a1 << endl;
}
```

第 15 章   继承与派生

1. 定义一个圆类(Circle),派生出圆柱体类(Cylinder),计算半径 2.5,高 2 的圆柱体体积。

```
# include < iostream >
using namespace std;
class Circle
{
private:
    float r;
public :
    Circle(float r2)
    {
        r = r2;
    }
    float getC()
    {
        return 2 * 3.1415926 * r;
    }
    float getS()
    {
        return 3.1415926 * r;
    }
};
class Cylinder:public Circle                                      //圆柱体公有继承圆
{
private:
    float h;
public:
    Cylinder(float r2, float h2):Circle(r2)
    {
        h = h2;
```

```
        }
        float getV()
        {
            return getS() * h;
        }

};
void main()
{
    Cylinder c1(2.5,2);
    cout <<"半径 2.5,高 2 的圆柱体的体积为:"<< c1.getV()<< endl;
}
```

2. 定义一个点类(Point),有横(x)纵(y)坐标,再定义一个线段类(Segment),有起点(begin)和终点(end)两个对象成员,通过组合来实现。

```
#include < iostream >
#include < cmath >
using namespace std;
class Point                                               //点类
{
public:
    float x;
    float y;
    Point(float x2, float y2)
    {
        x = x2; y = y2;
    }
};

class Segment                                             //线段类
{
private:
    Point begin ;                                         //线段的起点
    Point end;                                            //线段的终点
    //float x1, float y1, float x2, float y2
public:
    //构造函数中通过初始化列表来赋值
    Segment(float x1, float y1, float x2, float y2):begin(x1,y1), end(x2,y2)
    {
    }
    float getLen()                                        //返回线段的长度
    {
        return sqrt((begin.x—end.x) * (begin.x—end.x)＋(begin.y—end.y) * (begin.y—end.y));
    }
};
void main()
{
    Segment s1(2,1,2,2);
    cout <<"点(2,1)和点(2,2)构成线段的长度为: "<< s1.getLen()<< endl;
}
```

课外实验参考答案

3. 定义 A,B,C 三个类,其中 B 继承 A,C 又继承 B,每个类都有构造函数与析构函数,验证构造与析构的顺序。

```cpp
#include<iostream>
using namespace std;
class A
{

public :
    A()
    {
        cout <<"A空间被分配"<< endl;
    }
    ~A()
    {
        cout <<"A空间被回收"<< endl;
    }
};
class B:public A
{
public :
    B()
    {
        cout <<"B空间被分配"<< endl;
    }
    ~B()
    {
        cout <<"B空间被回收"<< endl;
    }
};
class C:public B
{

public :
    C()
    {
        cout <<"C空间被分配"<< endl;
    }
    ~C()
    {
        cout <<"C空间被回收"<< endl;
    }
};
void main()
{
    C c1;
}
```

4. 一个家庭中父亲(Father)会画画(draw),母亲(Mother)会唱歌(sing),女儿(Daughter)不但跟父亲学会了画画,跟母亲学会了唱歌,还会跳舞(dance),通过继承关系显示女儿会的才艺有哪些。

```cpp
#include<iostream>
using namespace std;
class Father
{
public:
    void draw()
    {
        cout<<"画画"<<endl;
    }
};
class Mother
{
public:
    void sing()
    {
        cout<<"唱歌"<<endl;
    }
};
class Daughter :public Mother,public Father
{
public :
    void dance()
    {
        cout<<"跳舞"<<endl;
    }
};
void main()
{
    Daughter d1;
    cout<<"女儿会的才艺有："<<endl;
    d1.draw();                    //继承父亲的才艺可以画画
    d1.sing();                    //继承母亲的才艺可以唱歌
    d1.dance();                   //自己新本领跳舞
}
```

5. 定义学生类(Student)和日期类(Date,包含年-月-日),通过继承学生类来实现研究生类(Graduate),研究生的出生日期通过和日期类组合实现。

```cpp
#include<iostream>
#include<string>
using namespace std;
class Date
{
private:
    int year;
    int month;
    int day;
public:
    Date(int y,int m,int d):year(y),month(m),day(d){}
```

```cpp
    void display()
    {
        cout << year <<"－"<< month <<"－"<< day << endl;
    }
};
class Student
{
private:
    int num;                          //学号
    string name;                      //姓名
    Date birthday;                    //出生日期
public:
    Student(int num2, string name2, int y, int m, int d):birthday(y, m, d)
    {
        num = num2; name = name2;
    }
    void display()
    {
        cout <<"学号:"<< num << endl;
        cout <<"姓名:"<< name << endl;
        cout <<"出生日期:";
        birthday.display();
    }
};
class Graduate :public Student
{
private:
    string direction;                 //研究方向
public:
    //构造函数中通过初始化列表来赋值
    Graduate(int num2, string name2, string direction2, int y, int m, int d):Student(num2, name2, y, m, d)
    {
        direction = direction2;
    }
    void display()
    {
        Student::display();            //调用父类 Student 的方法
        cout <<"研究方向:"<< direction << endl;
    }
};
void main()
{ cout <<"研究生信息如下: "<< endl;
    Graduate g1(2013091201,"张三","计算机应用",1998,12,19);
    g1.display();
}
```

第16章　多态性与虚函数

1. 定义一个抽象的形状类(Shape),可以显示信息(show)和打印面积(area),派生出三角形类(Triangle)和圆类(Circle),分别定义形状类的指针、圆的对象和三角形的对象,通过指针指向不同的对象实现显示信息和打印面积。

```cpp
#include <iostream>
#include <cmath>
using namespace std;
class Shape                          //抽象类
{
public:
    virtual void area() = 0;         //纯虚函数
    virtual void show() = 0;         //纯虚函数
};
class Circle : public Shape
{
private:
    double r;
public:
    Circle(double r)
    {
        this -> r = r;
    }
    void area()
    {
        cout <<"面积:"<< 3.1415926 * r * r << endl;
    }
    void show()
    {
        cout <<"圆的半径为"<< r << endl;
    }
};
class Triangle : public Shape        //三角形类
{
private:
    double a;
    double b;
    double c;
public:
    Triangle(double a, double b, double c)
    {
        this -> a = a;
        this -> b = b;
        this -> c = c;
    }
    void area()
    {
```

```
        double t;
        if(a+b>c&&b+c>a&&a+c>b)
        {
            t = (a+b+c)/2;
            cout <<"面积: "<< sqrt(t * (t-a) * (t-b) * (t-c))<< endl;
        }
        else
            cout <<"不能构成三角形!"<< endl;
    }
    void show()
    {
        cout <<"三角形的三边为: "<< a <<","<< b <<","<< c << endl;
    }
};
void main()
{
    Shape * p;                          //抽象类指针
    Circle c1(2);
    Triangle t1(3,4,5);
    p = &c1;                            //指向圆
    p -> show();
    p -> area();
    p = &t1;                            //指向三角形
    p -> show();
    p -> area();
}
```

2. 定义一个抽象的动物类(Animal),动物可以叫(call),该函数为虚函数,再派生出小狗类(Dog)和小猫类(Cat),再分别定义对象和基类的指针,指针指向小狗时叫声"汪汪",指向小猫时叫声"喵喵"。

```
#include <iostream>
#include <string>
using namespace std;
class Animal
{
public:
    virtual void call() = 0;            //虚函数,含义为动物的叫
};
class Dog:public Animal
{
public :
    void call()
    { cout <<"小狗叫: 汪汪!"<< endl;
    }
};
class Cat :public Animal
{
    void call()
    { cout <<"小猫叫: 喵喵!"<< endl;
    }
```

```
};
void main()
{
    Animal * p;
    Dog d1;
    Cat c1;
    p = &d1;
    p - > call();
    p = &c1;
    p - > call();
}
```

第 17 章   文件的输入与输出

1. 将 1～100 之间被 3 和 7 同时整除的数用文件指针写到 KS01. TXT 中。

```
#include < fstream >
#include < iostream >
using namespace std;
void main()
{
    FILE * fp;
    int i;
    fp = fopen("KS01.txt","w");
    for(i = 1;i < 100;i + +)
    {
        if(i % 3 = = 0 & & i % 7 = = 0)
        {
            fprintf(fp,"%d ",i);
        }
    }
    fclose(fp);
    cout <<"写入文件完毕"<< endl;
}
```

2. 将 1～100 之间被 3 和 7 同时整除的数用文件对象写到 KS02. TXT 中。

```
#include < fstream >
#include < iostream >
using namespace std;
void main()
{
    int i;
    ofstream fp;
    fp.open("KS02.txt",ios::out);
    for(i = 1;i < 100;i + +)
    {
        if(i % 3 = = 0 & & i % 7 = = 0)
        {
            fp << i <<" ";
```

```
            }
        }
        fp.close();
        cout <<"写入文件完毕"<< endl;
}
```

3. 用文件指针,通过写文件自定义函数,将 1～100 之间的奇数写入 KS03.DAT 中,然后将偶数累加到奇数的后面。

```
# include < iostream >
# include < fstream >
using namespace std;
void wdata1();                          //声明函数
void wdata2();
void main()
{
    wdata1();                           //调用函数
    wdata2();
}
void wdata1()
{
    FILE * fp;
    int i;
    fp = fopen("KS03.DAT","w");
    for(i = 1;i <= 100;i ++ )
    {
        if(i%2 == 1)
        {
            fprintf(fp, "%d ",i);
        }
    }
    fclose(fp);
}
void wdata2()
{
    FILE * fp;
    int i;
    fp = fopen("KS03.DAT","a");
    for(i = 1;i <= 100;i ++ )
    {
        if(i%2! = 1)
        {
            fprintf(fp, "%d ",i);
        }
    }
    fclose(fp);
}
```

4. 用文件对象,通过写文件自定义函数,将 1～100 之间的奇数写入 KS04.DAT 中,然后将偶数累加到奇数的后面。

```
# include < iostream >
# include < fstream >
```

```
using namespace std;
void wdata1();
void wdata2();
void main()
{
    wdata1();
    wdata2();
}
void wdata1()
{
    ofstream fp;
    fp.open("KS04.DAT",ios::out);
    int i;
    for(i=1;i<100;i++)
    {
        if(i%2==1)
        {
            fp<<i<<"\n";
        }
    }
    fp.close();
}
void wdata2()
{
    ofstream fp;
    fp.open("KS04.DAT",ios::app);
    int i;
    for(i=1;i<=100;i++)
    {
        if(i%2!=1)
        {
            fp<<i<<"\n";
        }
    }
    fp.close();
}
```

5. 将两位数的所有素数写入 KS05. TXT 中。

```
#include<iostream>
using namespace std;
void main()
{
    FILE *fp;
    int i;
    bool ss(int n);
    fp=fopen("KS05.txt","w");
    for(i=10;i<100;i++)
    {
        if(ss(i)==true)
        {
```

```
            fprintf(fp,"%d ",i);
        }
    }
    fclose(fp);
}
bool ss(int n)
{
    bool bj = true;
    int i;
    for(i = 2;i < n;i ++ )
    {
        if(n%i == 0)
        {
            bj = false;
            break;
        }
    }
    return bj;
}
```

6. 从 KS06. TXT 中读取若干个字符,然后输出。

```
# include < iostream >
# include < fstream >
using namespace std;
void main()
{
    int i = 0;
    char k[1000];
    FILE  * fp;
    fp = fopen("ks06.txt","r");
    while(!feof(fp))
    {
        k[i] = fgetc(fp);
        i ++ ;
    }
    k[i] = 0;
    cout <<"k = "<< k << endl;
    fclose(fp);
}
```

7. 求 4 位数中各个数位全是偶数的写入文本文件 KS07. TXT 中。

```
# include < iostream >
# include < fstream >
using namespace std;
void main()
{
    int k,gw,sw,bw,qw;
    ofstream fp;
    fp.open("KS07.txt",ios::out);
    for(k = 1000;k <= 9999;k ++ )
```

```
        {
            gw = k%10;
            sw = k/10%10;
            bw = k/100%10;
            qw = k/1000%10;
            if(gw%2 == 0&&sw%2 == 0&&bw%2 == 0&&qw%2 == 0)
            {
                fp << k << endl;
            }
        }
        fp.close();
    }
```

8. 从 KS08. TXT 中读取 5 组一元二次方程的系数,分别求出方程的解,然后再保存到 KS08. TXT 中。

```
#include <iostream>
#include <cmath>
#include <fstream>
using namespace std;
void main()
{
    int i,a,b,c,det;
    double k[5][2];
    ifstream fp1;
    fp1.open("ks08.txt",ios::in);
    for(i = 0;i <= 5;i++)
    {
        fp1 >> a >> b >> c;
        det = b * b-4 * a * c;
        if(det >= 0)
        {
            k[i][0] = (-b+sqrt(det))/(2 * a);
            k[i][1] = (-b-sqrt(det))/(2 * a);
        }
    }
    fp1.close();
    ofstream fp2;
    fp2.open("ks08.txt",ios::app);
    for(i = 0;i <= 5;i++)
    {
        fp2 << k[i][0]<<" "<< k[i][1]<< endl;
    }
    fp2.close();
}
```

附录 B C/C++ 头文件

1. 传统 C/C++ 头文件

序 号	头 文 件	说 明
1	< assert. h >	设定插入点
2	< ctype. h >	字符处理
3	< errno. h >	定义错误码
4	< float. h >	浮点数处理
5	< fstream. h >	文件输入输出
6	< iomanip. h >	参数化输入输出
7	< iostream. h >	数据流输入输出
8	< limits. h >	定义各种数据类型最值常量
9	< locale. h >	定义本地化函数
10	< math. h >	定义数学函数
11	< stdio. h >	定义输入输出函数
12	< stdlib. h >	定义杂项函数及内存分配函数
13	< string. h >	字符串处理
14	< strstrea. h >	基于数组的输入输出
15	< time. h >	定义关于时间的函数
16	< wchar. h >	宽字符处理及输入输出
17	< wctype. h >	宽字符分类

2. 标准的 C++ 头文件

序 号	头 文 件	说 明
1	< algorithm >	STL 通用算法
2	< bitset >	STL 位集容器
3	< cctype >	字符处理
4	< cerrno >	定义错误码
5	< clocale >	定义本地化函数
6	< cmath >	定义数学函数
7	< complex >	复数类
8	< cstdio >	定义输入输出函数
9	< cstdlib >	定义杂项函数及内存分配函数
10	< cstring >	字符串处理
11	< ctime >	定义关于时间的函数
12	< deque >	STL 双端队列容器
13	< exception >	异常处理类
14	< fstream >	文件输入输出

续表

序　号	头　文　件	说　明
15	< functional >	STL 定义运算函数(代替运算符)
16	< limits >	定义各种数据类型最值常量
17	< list >	STL 线性列表容器
18	< map >	STL 映射容器
19	< iomanip >	参数化输入输出
20	< ios >	基本输入输出支持
21	< iosfwd >	输入输出系统使用的前置声明
22	< iostream >	数据流输入输出
23	< istream >	基本输入流
24	< ostream >	基本输出流
25	< queue >	STL 队列容器
26	< set >	STL 集合容器
27	< sstream >	基于字符串的流
28	< stack >	STL 堆栈容器
29	< stdexcept >	标准异常类
30	< streambuf >	底层输入输出支持
31	< string >	字符串类
32	< utility >	STL 通用模板类
33	< vector >	STL 动态数组容器
34	< cwchar >	宽字符处理及输入输出
35	< cwctype >	宽字符分类

附录 C　7 位基本 ASCII 码表

b₇b₆b₅ → b₄b₃b₂b₁ ↓		000 0	001 1	010 2	011 3	100 4	101 5	110 6	111 7
0000	0	NUL	DLE	SP	0	@	P	`	p
0001	1	SOH	DC1	!	1	A	Q	a	q
0010	2	STX	DC2	"	2	B	R	b	r
0011	3	ETX	DC3	#	3	C	S	c	s
0100	4	EOT	DC4	$	4	D	T	d	t
0101	5	ENQ	NAK	%	5	E	U	e	u
0110	6	ACK	SYN	&	6	F	V	f	v
0111	7	BEL	ETB	'	7	G	W	g	W
1000	8	BS	CAN	(	8	H	X	h	x
1001	9	HT	EM	)	9	I	Y	i	y
1010	A	LF	SUB	*	:	J	Z	j	z
1011	B	VT	ESC	+	;	K	[	k	{
1100	C	FF	FS	,	<	L	\	l	|
1101	D	CR	GS	-	=	M	]	m	}
1110	E	SO	RS	.	>	N	^	n	~
1111	F	SI	US	/	?	O	_	o	DEL

附录 D C++运算符

优先级	运 算 符	功 能	目 数	结合性
1	::	作用域区分符	双目	从左向右
	( )	改变运算优先级或函数调用操作符		
	[ ]	访问数组元素		
	.	直接访问数据成员		
	->	间接访问数据成员		
2	!	逻辑非	单目	从右向左
	~	按位取反		
	+ −	取正,取负		
	*	间接访问对象		
	&	取对象地址		
	++ ,--	增1,减1		
	(类型)	强制类型转换		
	sizeof	测类型长度		
	new	动态申请内存单元		
	delete	释放 new 申请的单元		
3	. *	引用指向类成员的指针	双目	从左到右
	-> *	引用指向类成员的指针		
4	* / %	乘,除,取余		从左向右
5	+ −	加,减		
6	<<,>>	按位左移,按位右移		
7	< <=	小于,小于等于,	双目	
	> >=	大于,大于等于		
8	== !=	等于,不等于		
9	&	按位与		
10	^	按位异或		
11	|	按位或		
12	&&	逻辑与		
13	||	逻辑或		
14	? :	条件运算符	三目	从右向左
15	=	赋值	双目	从右向左
	+= , -=	加赋值,减赋值		
	* = ,/ =	乘赋值,除赋值		
	% = ,& =	取余赋值,按位与赋值		
	^ =	按位异或赋值		
	| =	按位或赋值		
	<< =	按位左移赋值		
	>> =	按位右移赋值		
16	throw	抛出异常运算符		从右向左
17	,	逗号运算符	双目	从左向右

参 考 文 献

[1] 谭浩强. C++程序设计. 北京：清华大学出版社,2004.

[2] 谭浩强. C程序设计. 北京：清华大学出版社,2010.

[3] 教育部考试中心. 二级 C++语言程序设计教程. 北京：高等教育出版社,2004.